Rekha Khandia

Propriedades Angiogénicas: Rastreio fitoquímico de uma planta etnomedicinal

Rekha Khandia

Propriedades Angiogénicas: Rastreio fitoquímico de uma planta etnomedicinal

Avaliação da modulação da angiogénese por etnomedicamentos

ScienciaScripts

Imprint

Cover image: www.ingimage.com

This book is a translation from the original published under ISBN 978-3-659-82150-9.

Publisher:
Sciencia Scripts
is a trademark of
Dodo Books Indian Ocean Ltd. and OmniScriptum S.R.L publishing group

120 High Road, East Finchley, London, N2 9ED, United Kingdom
Str. Armeneasca 28/1, office 1, Chisinau MD-2012, Republic of Moldova, Europe
Printed at: see last page
ISBN: 978-620-8-32075-1

ÍNDICE DE CONTEÚDOS

Agradecimentos

O apoio financeiro do DBT-IPLS é reconhecido com gratidão.

Angiogénese	A angiogénese é um processo de formação de novos vasos sanguíneos a partir de um vaso sanguíneo pré-existente. É uma parte essencial do crescimento e desenvolvimento de qualquer organismo.
Antocianinas	As antocianinas são pigmentos vacuolares solúveis em água, que aparecem em vermelho, roxo ou azul, dependendo do pH.
Terapias anti-angiogénicas	As terapias anti-angiogénicas são estratégias anti-cancro que visam os novos vasos sanguíneos que crescem para fornecer oxigénio e nutrientes às células tumorais em proliferação.
Ayurveda	Ayurveda/ Medicina Ayurvédica é o sistema de medicina mais antigo do mundo, derivado de plantas/ compostos de ervas, originário do subcontinente indiano há 3000 anos.
Biodiversidade	A biodiversidade é a variedade de diferentes tipos de vida e as variações dentro das espécies encontradas na Terra.
Modelo CAM	A CAM (membrana corioalantóica) é um modelo muito popular para estudar a modulação da angiogénese por diferentes compostos.
Cumarina	A cumarina é um composto químico cristalino e incolor do grupo das benzopironas.
Charaka samhita	O Charaka Samhita é um dos primeiros textos sobre a Ayurveda, juntamente com o Sushruta Samhita, e é um dos dois textos fundamentais desta área que sobreviveram da Índia antiga.
Etnobotânica/ Informações etnobotânicas	A etnobotânica é o estudo científico das relações que existem entre os grupos étnicos e as plantas.
Etnomedicina	A etnomedicina é a utilização de vários medicamentos utilizados por diferentes grupos étnicos.
Flavonóides	A estrutura central é composta por 15 átomos de carbono; consiste em dois anéis fenílicos e um anel heterocíclico.

Ervas	As ervas aromáticas são todas as plantas utilizadas para fins alimentares, aromatizantes, medicinais, etc.
Homeopatia	A homeopatia é um sistema de medicina alternativa criado em 1796 por Samuel Hahnemann com base na sua doutrina de que *o semelhante cura o semelhante (similia similibus curentur),* uma afirmação de que uma substância que causa os sintomas de uma doença em pessoas saudáveis curaria sintomas semelhantes em pessoas doentes.
In ovo	*In ovo* (latim) refere-se ao interior do ovo.
In vitro	Os estudos *in vitro* são efectuados com microorganismos, células ou moléculas biológicas fora do seu contexto biológico normal.
In vivo	Estudos *in vivo* (latim para "dentro do vivo") que ocorrem num organismo vivo ou em ambientes naturais.
Leucoantocianinas	As leucoantocianinas são compostos químicos relacionados com as antocianinas.
Indústria farmacêutica	A indústria farmacêutica desenvolve, produz e comercializa medicamentos/ produtos farmacêuticos para utilização como medicamentos.
Farmacologia	A farmacologia é o ramo da medicina que se ocupa do estudo da ação dos medicamentos, que exercem um efeito bioquímico e/ou fisiológico sobre a célula, o tecido, o órgão ou o organismo.
Fitoquímico	Os fitoquímicos são os compostos químicos derivados das plantas. Muitas vezes, os metabolitos secundários são designados por fitoquímicos.
Rig-Veda	O Rig-veda é uma antiga coleção indiana (um dos quatro Vedas) de hinos védicos em sânscrito. O texto é uma coleção de 1 028 hinos e 10 600 versos, organizados em dez livros.
Saponina	As saponinas são glucósidos com propriedades espumantes. As saponinas contêm uma aglicona policíclica, também designada sapogenina, ligada a uma ou mais cadeias laterais de açúcar. A parte aglicona é um esteroide (C_{27}) ou um triterpeno (C_{30}). A parte hidrofóbica (lipossolúvel) da sapogenina e a parte hidrofílica (hidrossolúvel) do açúcar conferem-lhe capacidade de formação de espuma.

Metabolitos secundários

Os metabolitos secundários são compostos orgânicos que não estão diretamente envolvidos no crescimento, desenvolvimento ou reprodução normais de um organismo. Estes estão frequentemente limitados a um conjunto restrito de espécies e desempenham frequentemente um papel importante no mecanismo de defesa das plantas.

Via do chiquimato

Via do chiquimato (via do ácido chiquímico); uma via metabólica de sete etapas utilizada por bactérias, fungos, algas, parasitas e plantas para a biossíntese de aminoácidos aromáticos (fenilalanina, tirosina e triptofano).

Medicina Siddha

A medicina Siddha é um sistema de medicina tradicional originário de Tamil Nadu, adeptos espirituais que possuíam os ashtasiddhis (os oito poderes sobrenaturais).

Esteróides

A estrutura central dos esteróides é constituída por 17 átomos de carbono. Nos animais e nos fungos, todos os esteróides são produzidos por lanosterol e cicloartenol.

Taninos

O tanino é um composto polifenólico vegetal, que se liga e precipita várias proteínas, aminoácidos e alcalóides

Terpenóides

Os terpenóides são compostos orgânicos derivados de unidades de isopreno com cinco carbonos

Valor terapêutico

Valor terapêutico, ou seja, poderes curativos ou de cura contra uma doença ou afeção.

Sistema de medicina tradicional

O sistema de medicina tradicional é a soma total dos conhecimentos, competências e práticas baseadas nas teorias, crenças e experiências indígenas de diferentes culturas, explicáveis ou não, utilizadas na manutenção da saúde, bem como na prevenção, diagnóstico, melhoria ou tratamento de doenças físicas e mentais.

Metástases tumorais

Metástases tumorais ou cancro metastático é um cancro que se espalhou da parte do corpo onde começou (ou seja, o local primário) para outras partes do corpo.

Unani

A medicina Unani ou Yunani é o termo utilizado para designar a medicina tradicional perso-árabe praticada na Índia Mughal e na cultura muçulmana do Sul da Ásia.

"Propriedades Angiogénicas: Rastreio Fitoquímico de Plantas Etnomedicinais"

A Índia possui um rico património etnomedicinal. Desde os tempos antigos, as plantas têm sido utilizadas para curar várias doenças humanas. No entanto, estas plantas eram utilizadas para curar várias doenças, sem se conhecer a sua composição química exacta. No presente estudo, 17 plantas etnomedicinais *(Achyranthes aspera, Andrographis paniculata, Bacopa monnieri, Butea monosperma, Chlorophytum borivilianum, Cochlospermum religiosum, Dioscorea hispida, Glycyrrhiza glabra, Hedychium spicatum, Justicia adhatoda, Mesua ferrea, Myrica nagi, Myristica fragrans, Nardostachys jatamansi, Piper longum, Semecarpus anacardium* e *Tinospora cordifolia')* foram analisadas quanto à sua composição fitoquímica. Esteróides, antocianinas, leucoantocianinas, taninos, flavonóides, terpenóides, saponinas e cumarinas foram testados no estudo utilizando diferentes testes bioquímicos. *A Butea monosperma* continha um máximo de 5 fitoquímicos, incluindo antocianinas, leucoantocianinas, flavonóides, saponinas e cumarinas, seguida da *Cochlospermum religiosum* e *da Tinospora cordifolia,* que continham 4 fitoquímicos. Das 17 plantas etnomedicinais, 4 plantas etnomedicinais, nomeadamente *Dioscorea hispida, Myristica fragrance, Butea monosperma* e *Mesua ferrea,* foram testadas *in ovo* quanto ao seu potencial angiogénico. A angiogénese é o processo de formação de novos vasos sanguíneos a partir dos já existentes e tanto as condições de angiogénese excessiva como insuficiente conduzem a um estado patológico. A análise angiogénica do extrato aquoso das plantas mencionadas revelou que, à exceção de *Butea monosperma*, as restantes três plantas, ou seja, *Dioscorea hispida, Myristica fragrance* e *Mesua ferrea*, tinham um potencial anti-angiogénico, como evidenciado pela redução do número de pontos de ramificação dos vasos sanguíneos no modelo da membrana corioalantóica (CAM) do ovo de galinha embrionado. A capacidade anti-angiogénica destes medicamentos pode ser explorada no combate a doenças como o cancro, a cegueira diabética, a degenerescência macular relacionada com a idade e a artrite reumatoide. Após uma análise experimental mais aprofundada, estes medicamentos podem abrir caminho ao desenvolvimento de fitomedicamentos mais eficazes e inofensivos para curar doenças geradas por angiogénese excessiva.

Capítulo 1

Introdução

/As espécies de plantas são utilizadas há muito tempo como ingredientes principais da medicina tradicional devido à presença de vários metabolitos secundários designados por fitoquímicos. Estes últimos são agentes biologicamente activos, que são tradicionalmente observados (Bruhn e Holmstedt, 1981) e são utilizados no sistema de medicina tradicional como medicamentos étnicos desde tempos antigos. A Índia possui uma vasta informação etnobotânica e a origem de todo esse conhecimento está na Ayurveda. As plantas medicinais com valores etnomedicinais estão a ser analisadas pela comunidade científica quanto ao seu potencial terapêutico e os resultados fitoquímicos são ainda inadequadamente comparados com a Ayurveda.

A Índia está situada no Sudeste Asiático e apresenta uma grande variedade de biodiversidade e de distribuição geográfica. É um dos doze países de mega-biodiversidade enriquecidos em biodiversidade vegetal com propriedades medicinais. Existem cerca de 60 000 milhares de espécies de plantas superiores, das quais cerca de 10 000 têm valor medicinal. O registo mais antigo das propriedades medicinais das plantas encontra-se no Rig-Veda, que, sendo o repositório mais antigo, descreve os valores medicinais de 67 plantas; mais tarde, o Ayurveda descreve o valor medicinal de quase 1200 plantas. Os actuais avanços na tecnologia de descoberta de medicamentos e a procura de uma nova diversidade química intensificaram os esforços de exploração de pistas do "Ayurveda", o sistema tradicional de medicina na Índia. Neste texto, são descritos os valores medicinais de dezassete plantas tradicionais em termos da presença de vários metabolitos secundários e de propriedades anti-angiogénicas.

A importância das plantas medicinais é conhecida. As ervas são uma fonte extraordinária para a descoberta de novos produtos com importância medicinal no desenvolvimento de medicamentos. Desde a antiguidade que as pessoas exploram as plantas em busca de novos fármacos, sendo um grande número de plantas medicinais utilizadas no tratamento de várias doenças. Cerca de 80% da população mundial depende da medicina tradicional para os cuidados de saúde primários, a maioria dos quais envolve a utilização de plantas. As medicinas tradicionais têm sido o foco de uma cobertura mais alargada dos cuidados de saúde primários na Índia.

Na Índia, quase 95% das receitas eram baseadas em plantas no sistema tradicional. A

Ayurveda é a prática de um sistema de medicina indígena bem documentado. No sistema ayurvédico, o extrato de várias partes de plantas é utilizado para tratar várias doenças do corpo. O sistema medicinal de Siddha, Unani e Homeopatia também se baseia largamente em plantas e produtos à base de plantas. Uma vez que os medicamentos/medicamentos à base de plantas não têm ou têm muito menos efeitos secundários em comparação com os medicamentos alopáticos, estes estão a ganhar mais popularidade na era moderna.

As plantas medicinais contêm alguns compostos orgânicos que têm uma ação fisiológica definida no corpo humano. Estas são a fonte mais exclusiva de medicamentos que salvam vidas para a maioria da população mundial. Os fitoquímicos são compostos químicos produzidos durante o processo metabólico da planta e são frequentemente designados por metabolitos secundários. Os fitoquímicos mais importantes são os alcalóides, os flavonóides, os taninos, as saponinas, as cumarinas, os esteróides, as antocianinas, as leucoantocianinas, os terpenóides, etc. Os metabolitos secundários acumulam-se na planta, em pequenas quantidades, em células especializadas. Estes são derivados biossinteticamente dos metabolitos primários e formados através da via do chiquimato, da via do acetato-malonato, etc. Estes metabolitos secundários derivados da planta são de importância económica, têm valor terapêutico e são responsáveis pela atividade medicinal entre os seres humanos e são utilizados na formação de medicamentos. Os metabolitos secundários possuem várias actividades biológicas que vão desde propriedades antimicrobianas, antibióticas e hormonais a actividades farmacológicas e farmacêuticas de grande importância e são também utilizados como fonte de aditivos alimentares. Atualmente, vários destes metabolitos secundários derivados de plantas são a fonte mais importante de medicamentos à base de plantas, que estão a ganhar popularidade em todo o mundo. Os metabolitos secundários também alteram frequentemente as funções fisiológicas. A angiogénese é um acontecimento muito importante que desempenha um papel tanto fisiológico como patológico.

O termo angiogénese é o crescimento de novos vasos sanguíneos ("angio" significa vasos sanguíneos e "genesis" significa criação) e refere-se tecnicamente à ramificação e extensão dos capilares existentes, cujas paredes são constituídas apenas por uma camada de células endoteliais. É o processo de brotamento, divisão, remodelação e formação de novos capilares a partir do sistema vascular pré-existente. Trata-se de um processo complexo de várias etapas e é essencial para o crescimento, desenvolvimento, cicatrização e manutenção de feridas. Milhares de artigos foram publicados em diferentes revistas científicas para provar os efeitos da angiogénese anormal em doenças invulgares que ameaçam a vida. Folkman (1971) referiu pela primeira vez que o crescimento dos tecidos depende da angiogénese. O crescimento dos tumores depende da angiogénese e, por isso, a inibição da angiogénese pode ser uma cura para o cancro. A taxa de angiogénese depende do delicado equilíbrio entre os factores pró-angiogénicos e anti-angiogénicos (Ferrara et al., 2005).

A angiogénese depende de dois factores:

1. Ligar as substâncias químicas que estimulam o crescimento angiogénico e
2. Desligar os químicos que são os inibidores da angiogénese.

O organismo controla o processo de angiogénese através do equilíbrio entre factores estimuladores e inibidores. O equilíbrio é alterado a favor do crescimento de novos vasos sanguíneos quando os químicos que estimulam o crescimento angiogénico excedem os inibidores. No processo de anti-angiogénese, quando os inibidores estão presentes em quantidades excessivas em relação aos estimuladores, a angiogénese é bloqueada. A doença ocorre quando o equilíbrio é perturbado no processo de angiogénese.

Durante os vários estados de doença, o corpo perde o controlo sobre a angiogénese e o processo ocorre em excesso ou acentuadamente reduzido. O processo de angiogénese excessiva ocorre devido à produção de quantidades anormais de factores de crescimento angiogénicos e à supressão dos efeitos dos inibidores naturais da angiogénese pelas células doentes. A angiogénese excessiva ocorre durante vários estados de doença, como o cancro, a cegueira diabética, a degenerescência macular relacionada com a idade, a artrite reumatoide, etc. Nestas condições, os novos vasos sanguíneos alimentam os tecidos doentes e destroem os tecidos normais, ao passo que, no estado canceroso, os novos vasos sanguíneos permitem que as células tumorais penetrem na circulação e conduzam a metástases tumorais. As terapias anti-angiogénicas destinam-se geralmente a impedir o crescimento de novos vasos sanguíneos, tratando assim as doenças.

A angiogénese insuficiente ou reduzida ocorre devido a uma deficiência nos factores de crescimento angiogénico ou se os tecidos não forem capazes de produzir uma quantidade suficiente de factores de crescimento angiogénico (Folkman, 1985). A angiogénese insuficiente ocorre em várias situações de doença, nomeadamente perturbações relacionadas com lesões isquémicas dos tecidos, doença das artérias coronárias, feridas crónicas e insuficiência cardíaca, etc. Nesta situação, não só o crescimento dos vasos sanguíneos é insuficiente, como também a circulação sanguínea não é corretamente restabelecida, o que pode resultar na morte dos tecidos.

A terapia angiogénica é também designada por angiogénese terapêutica, que pode mesmo ajudar a regenerar tecidos danificados ou perdidos. A angiogénese terapêutica destina-se a estimular o crescimento de novos vasos sanguíneos para tratar essas doenças. As terapias dependentes da angiogénese são o controlo natural da angiogénese pelo organismo e constituem uma forma nova e abrangente de combater as doenças (Li et al., 1998). Através de novos tratamentos médicos que inibem a angiogénese, os médicos estão a prolongar a vida de doentes com cancro, a prevenir a amputação de membros, a inverter a perda de visão e a melhorar a saúde em geral. Quando os inibidores estão presentes em maior quantidade do que os estimuladores, o processo de angiogénese é impedido. Os inibidores da angiogénese são planeados para impedir a formação de novos vasos sanguíneos, parando ou abrandando assim o crescimento.

Todos os tumores cancerígenos libertam factores de crescimento angiogénicos que estimulam o crescimento de vasos sanguíneos no tumor, fornecendo-lhe oxigénio e nutrientes (Kerbel, 2008). Quando a angiogénese é suprimida para melhorar o estado da doença, é conhecida como terapia antiangiogénica. Novas classes de tratamentos contra o cancro que bloqueiam a angiogénese estão agora aprovadas e disponíveis para tratar cancros do cólon, rim, pulmão, mama e fígado, etc. (Li, 2004).

As plantas medicinais possuem acções farmacológicas devido à presença de metabolitos secundários. Os aspectos farmacológicos dos metabolitos secundários com imensas aplicações medicinais estão a ser investigados em todo o mundo quanto à sua eficácia e utilidade mais ampla. Para o mesmo, foram utilizados vários modelos animais para encontrar as actividades farmacológicas para provar cientificamente a utilização tradicional destas plantas medicinais. Foram realizados vários estudos em todo o mundo para investigar as propriedades anti-angiogénicas dos extractos de várias plantas medicinais. Os bioquímicos presentes nas plantas são componentes activos responsáveis pela modulação da angiogénese. Os principais fitoquímicos são os taninos, os terpenóides, os esteróides, os flavonóides, as saponinas, as antocianinas, as cumarinas, as leucoantocianinas, etc. Destes, os taninos, as antocianinas, as saponinas e os terpenóides são conhecidos por terem actividades de modulação da angiogénese. Estes regulam a formação de novos vasos sanguíneos, quer para cima quer para baixo. Durante a presente investigação, foram testados os efeitos de alguns etnomedicamentos na membrana corioalantóica (CAM) do ovo de galinha embrionado.

O modelo CAM oferece várias vantagens em relação a outros modelos de estudo da angiogénese, como o ensaio em córnea de rato, o ensaio em anel aórtico de coelho, etc., devido ao baixo custo, à fiabilidade e ao fácil controlo do modelo. Permite também a análise de todas as fases e aspectos da angiogénese ao longo do tempo de experimentação. Podem ser utilizadas várias réplicas para efeitos de estudo e também não tem quaisquer problemas associados à ética animal. Tendo em conta o que precede, foram realizados os seguintes objectivos

1. Rastreio fitoquímico de plantas etnomedicinais selecionadas.
2. Estudo da angiogénese na membrana corioalantóica (CAM) em ovos embrionados de galinha.

Capítulo 2

Plantas etnomedicinais

As plantas desempenham um papel importante na descoberta de novos agentes terapêuticos. Os compostos medicinais à base de plantas estão a ser utilizados em muitas partes do mundo como método tradicional de tratamento de várias doenças humanas. Os fitomedicamentos continuam a ser a principal fonte de medicamentos nas zonas rurais dos países em desenvolvimento (Chitme et al., 2003). Aproximadamente 80% da população desses países utiliza medicamentos tradicionais para os seus problemas de saúde (Kim, 2005).

O conhecimento das ervas tem sido transmitido desde há milhares de anos por várias gerações (Bown 1995). Os medicamentos à base de plantas têm uma forte base tradicional ou concetual e o potencial para serem úteis como medicamentos em termos de segurança e eficácia no tratamento de diferentes doenças. Foi feita uma tentativa de identificar essas plantas medicinais importantes e a Organização Mundial de Saúde enumerou mais de 20 000 espécies em todo o mundo (Srivastav et al., 2011).

As plantas etnomedicinais possuem acções farmacológicas em animais devido à presença de metabolitos secundários. Os aspectos farmacológicos com imensas aplicações medicinais estão a ser investigados em todo o mundo em modelos animais para descobrir os seus efeitos farmacológicos, a sua eficácia e ampla utilidade. No entanto, apenas 1% das espécies de plantas que ocorrem em todo o mundo foram investigadas fitoquimicamente, o que indica que as plantas medicinais possuem um enorme potencial para a descoberta de novos fitoquímicos bioactivos (Palombo, 2011) a utilizar como método alternativo de prevenção e tratamento.

Estes compostos medicamente activos são geralmente os metabolitos secundários, nomeadamente terpenóides, quinonas, flavonóides, taninos, etc., que protegem as plantas de diversos agentes patogénicos. Recentemente, registou-se um aumento notável na utilização de produtos de saúde à base de plantas como fitomedicina, resultando num crescimento exponencial de produtos à base de plantas em todo o mundo. Hoje em dia, os investigadores dedicam muita atenção ao isolamento de substâncias biologicamente activas para a cura de doenças. Estes compostos biologicamente activos derivados de plantas etnomedicinais tornaram-se a base para o desenvolvimento da indústria farmacêutica.

Achyranthes aspera			
Taxonomic Position		**Whole plant**	**Part Used (Seeds)**
Kingdom:	Plantae		
Division:	Magnoliophyta		
Class:	Magnoliopsida		
Subclass:	Caryophyllidae		
Order:	Caryophyllales		
Family:	Amaranthaceae		
Common Name (s):		Chirchira, Latjira, Onga	
Important phytochemicals:		Sterols, alkaloids, saponins, sapogenins, glycosides, ecdysterones	

Achyranthes aspera é uma erva medicinal importante, que cresce como erva daninha em toda a Índia. Pertence à família das amarantáceas e é vulgarmente conhecida por chirchira, embora possua nomes diferentes em zonas diferentes, como Kutri, Apang, Uttarance, Safedagedo, Anghadi, etc., em Panjab, Bengala, Kerla e Gujrat, respetivamente. É importante do ponto de vista religioso na mitologia hindu, uma vez que as suas folhas são utilizadas para adorar o senhor "Ganesha". Está distribuída por todas as regiões tropicais e quentes do mundo (Prain, 1963). Para além da Ásia, também é encontrada como erva daninha em África, Austrália, Europa e EUA (De Lange et al., 2004). As plantas são ervas perenes, com 1,0 a 2,0 m de altura e podem ser encontradas crescendo até 1000 m de altitude. Os caules são angulares/quadrangulares, com nervuras, espessos acima do nó, mais ou menos densamente peludos, possuindo folhas opostas, elípticas ou obovadas ou amplamente romboides, com aproximadamente 5 cm x 2,5 cm de tamanho. As inflorescências têm 8 a 30 cm de comprimento e 3 a 7 mm de largura, com muitas flores simples, brancas ou vermelhas. A floração ocorre no verão.

A. aspera é uma planta medicinal indígena da Ásia, América do Sul e África e tem sido recomendada para a cura de várias doenças. A planta está a ser utilizada como remédio popular no sistema tradicional de medicina. É habitualmente utilizada por médicos ayurvédicos e unani para o tratamento da febre, febre da malária, disenteria, asma, hipertensão, diabetes, pedras nos rins, distúrbios dermatológicos, gonorreia, pneumonia, dor de dentes, piorreia e raiva (Singh, 1995; Ghani, 2003; Shukla et al., 2008). É um antiflegmático, antiperiódico, antimicrobiano, imunoestimulante, diurético, purgativo e laxante (Shah et al., 2009; Gomes et al., 2010; Londonkar et al., 2011), bem como útil em edema, hidropisia e hemorróidas, furúnculos, erupções cutâneas, hemorragias, picadas de escorpião e cobra (Selvanayangam et al., 1994; Gomes et al., 2010).

O extrato de raiz é bem conhecido pela sua atividade hormonal pronunciada na muda de insectos. A planta tem propriedades diuréticas e o extrato aquoso é administrado para o tratamento de pneumonia, diarreia infantil e constipação. A erva seca é utilizada no tratamento de cólicas infantis e também como adstringente no tratamento da gonorreia. As folhas secas são utilizadas contra a asma. Os extractos das folhas possuem propriedades hipoglicémicas, estimulantes da tiroide e anti-peroxidativas.

O pó de folhas secas misturado com mel é útil nas fases iniciais da asma. O Naayuruvi kuzhi thailum, um dos medicamentos do sistema de medicina Siddha, é considerado bastante eficaz no tratamento da asma e contém *A. aspera* como constituinte principal (Bhatnagar et al., 1973). A pasta de espigas ou sementes em água é utilizada em aplicações externas para mordeduras de répteis e cobras venenosas, utilizada em cegueira nocturna e doenças cutâneas (Raj e Patel 1978). A sua solução aquosa tem atividade antibacteriana contra *Staphylococcus aureus, Streptococuss heamolyticus, Bacillus typhosus* e *E. coli* (Kaur et al., 2005). As sementes que crescem em estrume de vaca apresentaram atividade antibacteriana contra *B. subtilis, Pseudomonas cichorii* e *Salmonella typhimurium* (Gupta et al., 2010). Actividades antibacterianas e antifúngicas foram mostradas pelo extrato de éter dietílico contra Aspergillus sp. *E. floccosum, C. neoformans, Candida albicans, E. coli, Enterobacter sp., P. aeruginosa, P. vulgaris, S. aureus, Klebsiella sp., Salmonella sp., Shigella sp. Trichophyton mentagrophytes, T. rubrum, T. tonsurans* (Saravanan et al., 2008). *A. aspera* é utilizada como uma das plantas anti-fertilidade tradicionalmente utilizadas na Etiópia. A sua atividade anti-fertilidade pode ser utilizada para evitar uma gravidez indesejada. A atividade anti-fertilidade do extrato metanólico das folhas de *Achyranthes aspera* foi determinada pela contagem dos fetos mortos no modelo experimental de rato e revelou efeitos abortivos *in vivo* (Shibeshi et al., 2006).

<table>
<tr><td colspan="4">Andrographis paniculata</td></tr>
<tr><td colspan="2">Taxonomic Position</td><td>Whole plant</td><td>Part Used (Dried Leaves and roots)</td></tr>
<tr><td>Kingdom:</td><td>Plantae</td><td rowspan="6"></td><td rowspan="6"></td></tr>
<tr><td>Division:</td><td>Tracheophyta</td></tr>
<tr><td>Class:</td><td>Magnoliopsida</td></tr>
<tr><td>Subclass:</td><td>Asteranae</td></tr>
<tr><td>Order:</td><td>Lamiales</td></tr>
<tr><td>Family:</td><td>Acanthaceae</td></tr>
<tr><td colspan="2">Common Name (s):</td><td colspan="2">Kalmegha/ kalamegha, Maha-tita and Bhui neem (North Estern India), Hempedu Bumi (Malaysia)</td></tr>
<tr><td colspan="2">Important phytochemicals:</td><td colspan="2">Andrograpanin, andrographolide, 14-deoxyandrographolide, andrographoside, neoandrographolide, andrographolactone</td></tr>
</table>

A Andrographis paniculata (vulgarmente conhecida como Kalmegha ou kalamegha) é uma erva anã encontrada na Índia e no Sri Lanka e é cultivada no Sudeste Asiático para fins medicinais tradicionais. *A. paniculata* cresce em vários habitats, mas principalmente em locais húmidos e sombrios e atinge uma altura de 30 a 110 cm. Possui um caule esguio verde escuro em secção transversal com asas longitudinais ao longo dos ângulos. As suas folhas de 8 x 2,5 centímetros são em forma de lança. As flores são pequenas e dispostas em racemos. O fruto é pequeno, com apenas 2 centímetros de comprimento, e é uma cápsula que contém muitas sementes amarelo-acastanhadas.

A maioria das folhas e raízes da *A. paniculata* está a ser utilizada no sistema medicinal ayurvédico e tribal na Índia e em alguns outros países para fins medicinais em várias aplicações clínicas. É uma das plantas medicinais mais populares utilizadas tradicionalmente para o tratamento de uma série de doenças como cancro, diabetes, tensão arterial elevada, úlcera, lepra, bronquite, doenças de pele, flatulência, cólicas, gripe, disenteria, dispepsia e malária durante séculos nos continentes asiático, americano e africano (Rajagopal et al, 2003; Ajaya Kumar et al., 2004; Jarukamjorn e Nemoto, 2008; Akbar, 2011; Kavishankar et al., 2011; Hajiaghaee e Akhondzadeh, 2012).

Esta erva possui uma série de utilizações medicinais, embora a investigação tenha encontrado provas da sua eficácia limitadas ao tratamento do trato respiratório superior, colites ulcerativas e sintomas reumáticos. A presença de fitoquímicos importantes torna a planta útil para o tratamento de diferentes doenças e tem potencial para fornecer medicamentos valiosos para uso humano. É considerada antipirética, desintoxicante e anti-inflamatória (Kumar et al., 2012). Foi relatado que *a A. paniculata* tem propriedades antibacterianas, antifúngicas, antivirais, coleréticas, hipoglicémicas, adaptogénicas, hipocolesterolémicas, anti-inflamatórias, emolientes, adstringentes, diuréticas, carminativas, anti-helmínticas, antipiréticas, gástricas e tónicas para o fígado (Handa e Sharma, 1990; Wang e Zhao, 1994; Rajagopal et al., 2003; Ajaya Kumar et al., 2004). Devido à sua atividade "purificadora do sangue", recomenda-se a sua utilização em casos de lepra, gonorreia, sarna, furúnculos, erupções cutâneas e febres crónicas e sazonais. O sumo ou uma infusão de folhas frescas é dado a bebés para aliviar as gripes, os hábitos intestinais irregulares e a perda de apetite. As folhas e a raiz são também utilizadas na debilidade geral, durante a convalescença após febres, para dispepsia associada a distensão gasosa e em fases avançadas de disenteria.

Na presença de *A. paniculata*, o ARNm do VEGF é diminuído na célula de melanoma B16F-10. O VEGF é um potente fator de crescimento para as células endoteliais dos vasos sanguíneos, que induz a atividade da NO sintase nas células endoteliais e aumenta a permeabilidade celular, tornando-se assim um alvo para a terapia antiangiogénica (Hoeben et al., 2004). A andrographolide é uma das principais lactonas diterpénicas da *A. paniculata*. É utilizada para tratar constipações, diarreia, inflamações, doenças infecciosas e febre (Shen et al., 2002). Foi também demonstrado que tem efeitos inibidores em vários cancros como o cancro da mama, do cólon, epidermoide, gástrico, do fígado, leucemia, mieloma, linfócitos do sangue periférico e cancro da próstata (Tan et al., 2010; Jiang et al., 2007; Trivedi et al., 2007). Devido aos seus potentes efeitos anticancerígenos e imunomoduladores, pode ser utilizado como agente quimioterapêutico (Jada et al., 2006). Estas propriedades anticancerígenas são supostamente atribuídas à apoptose de células cancerígenas, à supressão da proliferação de células cancerígenas e à indução da paragem do ciclo celular.

Muitos estudos *in vitro* demonstraram que a andrographolide promove (Satyanarayana et al., 2004; Shi et al., 2008). O recetor do fator de crescimento epidérmico (EGFRs) é um recetor bem conhecido, com um papel importante no crescimento e na proliferação de células cancerígenas. A andrographolide reduziu a regulação dos EGFRs na superfície celular e afecta o tráfico de receptores, inibindo o movimento dos receptores dos endossomas tardios para os lisossomas e causando a inibição da progressão das células cancerígenas (Tan et al., 2010). Nos sistemas medicinais indianos, é amplamente utilizado como agente hepatoestimulante e hepatoprotector. É eficaz na infeção crónica pelo vírus da hepatite B (Rajkumar et al., 2007). O extrato da folha e o Andrographolide tiveram um papel protetor na peroxidação lipídica microssomal hepática induzida por tetracloreto de carbono (CCl_4), aumento das transaminases séricas, fosfatase alcalina sérica, bilirrubina sérica e triglicéridos hepáticos (Kumar et al., 2012).

Bacopa monnieri			
Taxonomic Position		**Whole plant**	**Part Used (Dried leaves)**
Kingdom:	Plantae		
Division:	Tracheophyta		
Class:	Magnoliopsida		
Subclass:	Asteridae		
Order:	Scrophulariales		
Family:	Scrophulariaceae		
Synonym(s):		*Bacopa monniera, Herpestis monniera*	
Common Name(s):		Bramhi, Water hyssop, thyme-leafed gratiola, herb of grace, Indian pennywort	
Important phytochemicals:		Alkaloids (Brahmine and herpestine), saponins, sterols, d-mannitol, hersaponin, monnierin, betulic acid, stigmastarol, β-sitosterol, numerous bacosides (Bacosides A and B) and bacopasaponins.	

A Bacopa monnieri é uma importante erva rasteira de pequeno porte, com numerosos ramos com pequenas flores oblongas com cerca de 4-6 mm de espessura e de cor branca/roxa clara. A floração e a frutificação ocorrem durante o verão. *A B. monnieri*, vulgarmente conhecida como hissopo de água/Brahmi, é uma erva prostrada, que habita normalmente zonas húmidas/pântanos ao longo das margens de ribeiros e rios em toda a Índia. Habita as zonas húmidas do sul da Índia, Austrália, Europa, África, Ásia e América do Norte e do Sul.

O nome Brahmi deriva da palavra "Brahma", o mítico "criador" do panteão hindu. Cresce naturalmente na Índia e nas regiões tropicais em solos húmidos, águas pouco profundas e terrenos pantanosos, tendo sido observada até 1500 m de altitude. É uma planta de aquário muito popular devido à sua capacidade de crescer na água.

A planta inteira de *B. monnieri* é uma erva medicinal importante, eficaz e poderosa e é normalmente utilizada como um tónico para os nervos no tratamento ayurvédico tradicional para melhorar a memória e a função mental e também actua como um adaptogénio no combate ao stress. Um dos compostos activos da Brahmi é conhecido como bacoside, que melhora a memória através da estimulação dos neurotransmissores que processam a informação. É um composto importante e foi avaliado quanto aos seus efeitos no cérebro e na saúde humana.

É considerado como medhya rasayana no Charaka Samhita. A Ayurveda explica a sua utilização em casos de indigestão, inflamação e lepra, ascite e aumento do baço. Investigações em todo o mundo avaliaram as suas propriedades sedativas/ tranquilizantes, cognitivas, antidepressivas/ansiolíticas, antiulcerosas, antiepilépticas, antioxidantes e adaptogénicas (Singh et al., 1988; Rao et al., 2000; Sairam et al., 2002; Dorababu et al., 2004; Jyoti e Sharma, 2006; Gohil e Patel, 2010).

Os compostos da Brahmi revelaram influenciar positivamente as células cerebrais que estimulam a regeneração do tecido cerebral (Singh et al. 2008). *A bacopa* contém vários ingredientes activos (glicosídeos triterpénicos, nomeadamente bacosídeos, bacopasídeos, bacopasaponinas, luteolina, apigenina e bacosina) que apoiam a aprendizagem, a cognição e a memória, aumentando a competência da transmissão dos impulsos nervosos. Rastogi et al. (2012) revelaram que a suplementação a longo prazo com bacosídeos tem valor terapêutico contra a rápida neurodegeneração associada à doença de Alzheimer.

Os fitoconstituintes presentes na Bacopa modulam a expressão de determinadas enzimas responsáveis pela geração e/ou eliminação de espécies reactivas de oxigénio no cérebro (Jyoti et al., 2006). Este efeito é atribuído à regulação dos níveis de superóxido dismutase e de catalase (Holcomb et al., 2006). O seu extrato também tem actividades antibacterianas contra *Staphylococcus aureus, S. epidermidis e Pseudomonas aeruginosa*. Era ativo contra a *Helicobacter pylori*, uma bactéria responsável por úlceras gástricas crónicas. *In vitro*, causa a acumulação de prostaglandina E e prostaciclinas, que são protectores da mucosa gástrica, quando infectados com *Helicobacter pylori* (Goel et al., 2003)

Os efeitos de cicatrização de feridas do extrato etanólico de toda a planta de *B. monnieri* foram estudados em feridas de ratos. No modelo de ferida, o extrato foi estudado quanto à taxa de contração da ferida, período de epitelização, histologia da pele, marcadores de tecido conjuntivo como hidroxiprolina, hexosamina e ácido hexurónico, produção de óxido nítrico e peroxidação lipídica e quanto à presença de antioxidantes como catalase, superóxido dismutase e glutatião reduzido. O extrato revelou um período de epitelização menor, indicando uma cicatrização melhorada, mais formação de colagénio na pele e nos tecidos conjuntivos mais profundos, melhoria do estado antioxidante, diminuição dos radicais livres e aumento dos antioxidantes (Murthy et al., 2013).

Não só o cérebro, mas também o fígado, ou seja, o principal órgão de desintoxicação, beneficia dos compostos promotores de saúde da Brahmi. Estudos sugerem que os compostos naturais da Brahmi podem ser úteis para estimular a função hepática após danos provocados por toxinas (Menon et al., 2010) e apoiar o funcionamento correto do fígado. É também utilizada em casos de epilepsia, asma, úlcera, tumores, ascite, aumento do baço, indigestão, inflamação, anemia e biliosidade. Possui também propriedades antioxidantes e pode oferecer alguma proteção às células cerebrais contra os efeitos nocivos dos radicais livres.

Foi demonstrado que as saponinas de Bacopa *in vitro* têm atividade citotóxica contra células de sarcoma-180 devido à possível inibição da replicação na linha de células cancerígenas (Elangovan et al., 1995). Na broncoconstrição induzida quimicamente, os extractos de bacopa mostraram um efeito relaxante na traqueia, artéria pulmonar e aorta de coelho e cobaia (Dar et al., 1997). Os extractos metanólicos de Bacopa foram considerados úteis na broncoconstrição induzida por carbacol, hipotensão e bradicardia no modelo de rato (Channa et al., 2003). O estudo de Samiulla (2001) revelou uma potente atividade estabilizadora dos mastócitos da Bacopa, que era equivalente ao cromoglicato dissódico, um medicamento para as alergias utilizado habitualmente e, por conseguinte, indica a sua utilidade em condições broncoconstritoras e alérgicas, e requer estudos em seres humanos.

Butea monosperma			
Taxonomic Position		**Whole plant**	**Part Used (Gum)**
Kingdom:	Plantae		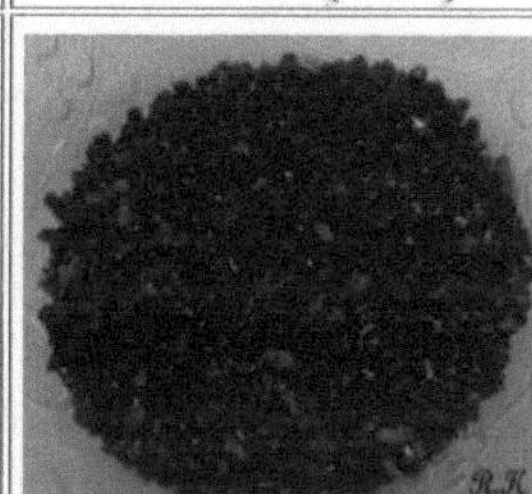
Division:	Tracheophyta		
Class:	Magnoliopsida		
Superorder:	Rosanae		
Order:	Fabales		
Family:	Fabaceae		
Common Name(s):		Palash, Flame of the Forest, Dhak, Bastard Teak, Parrot Tree, Keshu (Punjabi), Kesudo (Gujarati)	
Important phytochemicals:		Triterpene, flavonoids (butein, butrin, isobutrin, plastron, coreipsin, and isocoreipsin), tannins, α-Amyrin, β-sitosterol, β-sitosterol-β-D-glucoside, glycoside (aglycon), 5-methoxygenistein and prunetin.	

A Butea monosperma, vulgarmente conhecida como "Palash", é uma erva que pertence à família das fabáceas. É também conhecida como "a chama da floresta" devido às suas flores de cor laranja brilhante e escarlate. Quando a árvore está em plena floração, a sua aparência parece ter sido incendiada devido ao número de enormes cachos de flores em ramos sem folhas, daí o nome. As árvores de *B. monosperma* são de altura média e possuem folhas compostas, que caem no inverno, e as flores desabrocham nos meses de fevereiro e março. Os frutos que a planta dá têm a forma de vagens achatadas com uma única semente.

Esta árvore é originária da Índia e pode ser encontrada nas regiões tropicais e subtropicais do subcontinente indiano e em vários países do Sudeste Asiático (Bangladesh, Sri Lanka, Nepal, Myanmar, Tailândia, Camboja, Vietname, Malásia e Indonésia). Na Índia, é facilmente identificada nas florestas decíduas secas da Índia Central e da Índia Ocidental. Foi descoberta na Índia com as suas propriedades terapêuticas. A planta é muito utilizada pelos povos tribais na cura de várias doenças.

As partes importantes que são utilizadas para fins medicinais são as flores, as folhas, as sementes, a goma obtida da planta e o óleo extraído das flores. As flores da árvore são ricas em glucósidos, butina, neterosídeo e butrina, enquanto as sementes são uma fonte rica de óleo de moodooga ou óleo de árvore de kino. Este óleo tem várias propriedades medicinais. A goma obtida da árvore é rica em ácido gálico e ácido tânico e é referida como goma de kino de Bengala ou simplesmente goma de Butea. As folhas da *B. monosperma* são utilizadas como ingredientes de tónicos e afrodisíacos e são também úteis para parar hemorragias ou secreções.

A administração tópica de um extrato alcoólico da casca de *B. monosperma* em feridas de excisão de espessura total acelerou a cicatrização de feridas cutâneas em ratos (Gavimath et al., 2009). Para a estimativa do colagénio total, hexosamina, proteína, ADN e ácido urónico, foi utilizado o tecido de granulação. O extrato alcoólico aumentou a síntese de colagénio e a regeneração celular no local da ferida. As feridas tratadas com o extrato mostraram uma melhoria da força de tração e da contração da ferida. Estas actividades de cicatrização de feridas podem ser atribuídas às propriedades antioxidantes da *B. monosperma* (Sumitra et al., 2005). As cinzas do caule, da raiz, da flor e das folhas de *B. monosperma* juntamente com *Piper longum* induzem a ativação de macrófagos e a atividade fagocítica e ajudam a combater a giardíase (Agarwal et al., 1997).

O extrato alcoólico quente das sementes tem atividade anti-ovulatória em ratos experimentais. As suas flores são uma boa fonte de flavonóides que contêm buteína, butrina, isobutrina, plastrão, coreipsina e isocoreipsina. Supõe-se também que estes flavonóides têm reacções anti-inflamatórias e reduzem a produção de TNF-a, IL-6 e IL-8 nos mastócitos humanos (HMC-1). A butrina e a isobutrina apresentam uma atividade anti-hepatóxica. A butrina também apresenta propriedades contraceptivas masculinas (Dixit et al., 1981). A goma actua como adstringente para a diarreia e a disenteria, a ftiríase e a hemorragia do estômago e da bexiga. A casca tem propriedades amargas, pungentes, aliterativas, afrodisíacas e anti-helmínticas. A atividade antibacteriana do extrato aquoso foi avaliada em *E. coli, S. aureus, Enterococcus sp., S. typhi, S. typhimurium* e *S.flexneri* e foi considerada significativa (Tambekar et al., 2010). O extrato de etanol, clorofórmio e éter de petróleo é ativo contra *E. coli, S. aureus* e *B. Subtilis,* enquanto o extrato de éter de petróleo não foi ativo (Dhale et al., 2010). Os mesmos componentes também foram activos contra a infeção micobacteriana (Iqbal et al., 2006). As folhas têm propriedades adstringentes, tónicas, diuréticas e afrodisíacas. Também são utilizadas para curar furúnculos, borbulhas e tumores, hemorróidas e hemorróidas.

Chlorophytum borivilianum			
Taxonomic Position		**Whole plant**	**Part Used** (Roots)
Kingdom:	Plantae		
Division:	Tracheophyta		
Class:	Magnoliopsida		
Superorder:	Lilianae		
Order:	Asparagales		
Family:	Asparagaceae		
Common Name(s):		Safed musli	
Important phytochemicals:		Saponin (Chlorophytoside I, Borivilianosides of the F, G, and H series), tannins, neotigogenin, neohecogenin, tokorogenin, fatty acids (linoleic acid, 11 and 14-Eicosadienoic acid, hexadecane), stigmasterol, vitamin C.	

O Chlorophytum borivilianum, vulgarmente designado por "safed musli", é uma erva medicinal tradicional e o seu valor medicinal deve-se à presença de saponinas e taninos. As raízes são a parte principal utilizada na Aurveda, com propriedades afrodisíacas, e são frequentemente referidas como *"ouro branco"* devido à sua coloração. A espécie é habitante de toda a Índia e de Maharashtra, encontrando-se em manchas em zonas florestais e particularmente abundante em zonas florestais naturais perto de riachos e em declives suaves nas florestas. Distribui-se nos Himalaias subtropicais de Kumaon para leste, nas colinas de Khasia, em Bengala, Assam, Kokan, Kanara, na península ocidental e em Chennai, estendendo-se até Kanyakumari.

Trata-se de uma erva com folhas lanceoladas sub-rectas e, em algumas partes da Índia, é cultivada para a produção de vegetais folhosos. Floresce no mês de agosto e no início de setembro e as flores são de cor branca. Existem cerca de 256 variedades de Chlorophytum, das quais 17 se encontram na Índia e, entre estas, a *C. borivilianum* tem um bom mercado, tanto a nível nacional como mundial, uma vez que as suas raízes de tubérculo são utilizadas medicinalmente para fazer um tónico para tratar todos os tipos de fraqueza e impotência masculina com o nome comercial *"Safed muslf"*. Entre os constituintes fitoquímicos, encontram-se os hidratos de carbono, as fibras, os taninos, as saponinas e as proteínas, que podem torná-lo um medicamento à base de plantas para aumentar a imunidade, a circulação sanguínea de todo o corpo e curar o cansaço, a resistência e o vigor. Também melhora a contagem de esperma, diminui a libido e a ejaculação precoce, aumenta a intensidade do orgasmo e funciona bem para rejuvenescer o físico reprodutivo. Cura a obesidade, a hipertensão arterial, os problemas cardíacos, a diabetes (Purohit e Prajapati, 2003; Narasimhan et al., 2006), a esclerose múltipla, o aumento da próstata, a doença de Parkinson, os traumatismos na pélvis ou na espinal medula, as intervenções cirúrgicas na pélvis ou na espinal medula, os baixos níveis de testosterona e o cancro da próstata.

O extrato da folha e do caule mostrou actividades antibacterianas dependentes da concentração contra *S. Aureus, B. subtilis* e *E. coli.* Também apresentou atividade antifúngica contra *Candida albicans* e *Aspergillus niger* e as actividades foram comparáveis ao medicamento antifúngico de referência, o voricinazol (Chakraborthy et al., 2014). O extrato de saponina purificado e a piperazina como medicamento padrão, ambos mostraram uma atividade anti-helmíntica significativa, causando paralisia que terminou na morte dos vermes (Deore et al., 2010). O seu conteúdo de saponina também teve um efeito larvicida contra as espécies de mosquito *Anopheles stephensi, Culex quinquefasciatus* e *Aedes aegypti* (Deore et al., 2009). Aproximadamente 7,8% de mucilagem está presente em *C. borivilianum.* É derivada da extração com água quente e contém aproximadamente 31% de frutanos do tipo inulina e 25% de mananos acetilados. Células mononucleares do sangue periférico humano, testadas para a modulação da atividade citotóxica das células NK pela fração de mucilagem em relação às células K562 e foi encontrada uma estimulação significativa da atividade das células NK. A fração polissacárida foi capaz de aumentar o título de anticorpos, enquanto a fração não polissacárida foi eficaz no aumento de uma resposta mediada por células. O aumento da reatividade dos macrófagos, das células dendríticas e dos subconjuntos de linfócitos B indicou a síntese de anticorpos. Os polissacáridos de *C. borivilianum* poderiam ser considerados para a revitalização pós-quimioterapia do sistema imunitário durante o tratamento do cancro (Thakur et al., 2011).

A raiz de *C. borivilianum* contém saponina glicosídeo esteroidal cloromalosídeo-A e espirostanolpentaglicosídeos que abrangem a beta-Dapiofuranose, que são citotóxicos para as células cancerosas (Qiu et al., 2000). Nos estudos de papilomagénese cutânea, observou-se uma diminuição significativa do número cumulativo de papilomas, da incidência de tumores, da carga tumoral, do tamanho e do peso dos tumores após o tratamento com glicosídeos esteróides. Foi observada uma redução estatisticamente significativa na frequência de aberrações cromossómicas em comparação com controlos carcinogénicos (Kumar et al., 2010). Os borivilianosídeos, que são outro tipo de saponinas presentes no extrato etanólico das raízes, também mostraram um efeito citotóxico em duas linhas celulares de cancro do cólon humano (HT-29 e HCT 116) (Acharya et al., 2009).

<table>
<tr><th colspan="4">Cochlospermum religiosum</th></tr>
<tr><th colspan="2">Taxonomic Position</th><th>Whole plant</th><th>Part Used (Bark)</th></tr>
<tr><td>Kingdom:</td><td>Plantae</td><td rowspan="6"></td><td rowspan="6">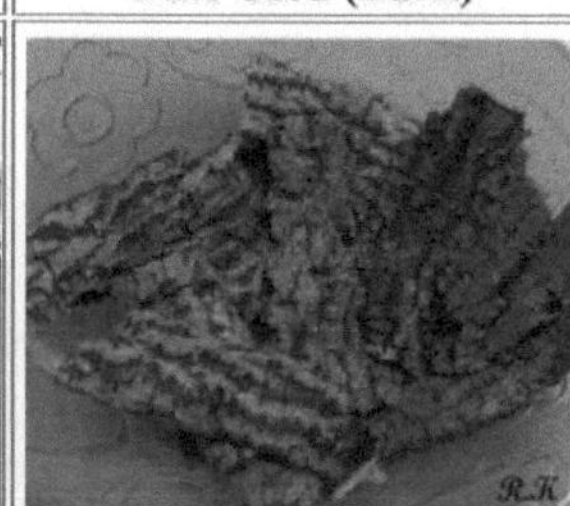</td></tr>
<tr><td>Division:</td><td>Tracheophyta</td></tr>
<tr><td>Class:</td><td>Magnoliopsida</td></tr>
<tr><td>Superorder:</td><td>Rosanae</td></tr>
<tr><td>Order:</td><td>Malvales</td></tr>
<tr><td>Family:</td><td>Bixaceae</td></tr>
<tr><td colspan="2">Synonyms:</td><td colspan="2">Bombax gossypium, Bombax religiosum, Cochlospermum gossypium, Wittelsbachia gossypium</td></tr>
<tr><td colspan="2">Common Name(s):</td><td colspan="2">Buttercup tree, Yellow silk cotton tree, Golden silk cotton tree, Galgal (Hindi)</td></tr>
<tr><td colspan="2">Important phytochemicals:</td><td colspan="2">Phenols, tennins, flavnoids, alkaloids etc.</td></tr>
</table>

A Cochlospermum religiosum é vulgarmente conhecida como árvore do algodão de seda, porque as cápsulas que contêm as sementes têm uma substância felpuda semelhante à sumaúma. Também tem outro nome comum, ou seja, árvore da chávena de manteiga, porque as suas flores amarelas e brilhantes se assemelham a um botão de ouro de grandes dimensões. O nome da espécie "religiosum" deriva do facto de as flores serem normalmente oferecidas a Deus nos templos. É uma árvore florida com uma altura de cerca de 3 a 8 m, que se encontra normalmente nas florestas de folha caduca secas da região tropical do subcontinente indiano e do Sudeste Asiático, sobretudo nas encostas rochosas, até cerca de 1000 m de altitude. A casca é lisa e cinzenta clara, com 20-25 mm de espessura. As folhas têm 8-15 cm de comprimento e até 20 cm de largura, são alternas, palmadas, com 3-5 lóbulos elíptico-lanceolados de ápice pontiagudo, glabras, verde brilhante em cima, densamente tomentosas e acastanhadas em baixo, e a base da folha é cordada. Os frutos são castanhos e apresentam uma cápsula de forma oval, composta por cinco segmentos. A cápsula abre-se para libertar as sementes que estão embebidas no algodão sedoso. Diz-se que este algodão sedoso induz o sono quando enfiado numa almofada. A época de floração decorre entre fevereiro e abril.

C. religiosum é uma árvore muito benéfica e está a ser amplamente utilizada em medicamentos ayurvédicos desde tempos antigos na Índia para curar muitas doenças. A casca é utilizada para a preparação de medicamentos. O fruto imaturo é tornado oco através da remoção do seu conteúdo e enchido com ragi e chão de grama com jaggery e, em seguida, o fruto é selado. Este fruto selado é cozinhado no fogo e é utilizado no tratamento de tumores do estômago. A nível nutricional, é rica em aminoácidos. Foram detectados onze aminoácidos, dos quais o ácido aspártico foi o mais elevado (72,8±3,45 pg/g) e a leucina o menos (3,8±0,22 pg/g) (Singh et al., 2013).

A goma de *C. religiosum* é útil na tosse, asma, queixas da região torácica, rouquidão da garganta, hemoptise, disenteria, diarreia, problemas oculares, irritação ocular, gonorreia, sífilis, urina escaldante. A sua goma tem propriedades para adsorver metais pesados como Cd, Cu, Fe, Se, Pb, etc. da água contaminada (Vinod et al., 2009). A sua goma como polímero contém grupos acetilo, carbonilo, carboxilo e hidroxilo como principais grupos funcionais carregados negativamente, que se supõe terem um papel na ligação de metais pesados. Pode ser misturada com efluentes industriais para remover componentes tóxicos (Vinod et. al, 2010).

A goma, quando misturada com alginato de sódio e cloreto de cálcio, forma microcápsulas rígidas. Estas microcápsulas foram usadas para avaliar a libertação controlada do fármaco e mostraram uma boa meia-vida biológica do fármaco transportado (Putta et al., 2010). A casca do caule foi usada para sintetizar nano-partículas de prata estáveis, de tamanho uniforme e bem definidas, com valor terapêutico (Prasad et al., 2015).

Todas as partes desta planta são importantes do ponto de vista medicinal. Esta planta é termogénica, sedativa e tradicionalmente utilizada no tratamento da tosse, diarreia, disenteria, faringite, fístula, gonorreia, tracoma, sífilis e tracoma. As folhas e flores secas são utilizadas como estimulantes, antipiréticas, laxantes e sedativas. Também é utilizada pela sua atividade anti-inflamatória no medicamento Siddha "Kalnar Parpam". As folhas de *C. religiosum* são tradicionalmente utilizadas para tratar iterícia e doenças do fígado. As suas raízes são consideradas hepatoprotectoras (Narayana et al., 2001). A casca é utilizada para tratar a iterícia. A pasta da casca do caule é aplicada sobre as áreas fracturadas dos ossos durante mais de um mês, enquanto a casca do caule e o pó da raiz são tradicionalmente utilizados para a gravidez e as cinzas do fruto misturadas com coco são utilizadas para o tratamento da sarna (Jamuna Bai et al., 2011). Goud et al., 2005 revelaram a atividade antimicrobiana do extrato metanólico de frutos e folhas de *C. religiosum* e observaram uma atividade antimicrobiana de largo espetro, que pode ser utilizada para tratar infecções microbianas.

A goma katira é utilizada como um agente gelificante barato para a cultura de tecidos de plantas e tem uma vasta aplicação nas indústrias farmacêutica e alimentar. A goma de *C. religiosum* é um ingrediente importante do medicamento Unani "Qurs-e-Sartaan Kafoori" utilizado para estíptico, antipirético, ftiríase, tuberculose e febre héctica, enquanto outra formulação "Qurs - e-Suzak" é utilizada como cicatrizante e diurético. Estas formulações possuem também excelentes actividades antibacterianas e antifúngicas.

A infusão de sumo de folhas de *C. religiosum* juntamente com frutos de cominho e folhas de cominho é tomada por via oral para o tratamento da asma. Outras espécies de Cochlospermaceae, como *C. tinctorium* e *C. vitifolium*, possuem uma boa atividade imunomoduladora.

Dioscorea hispida			
Taxonomic Position		**Whole plant**	**Part Used (Seeds)**
Kingdom:	Plantae		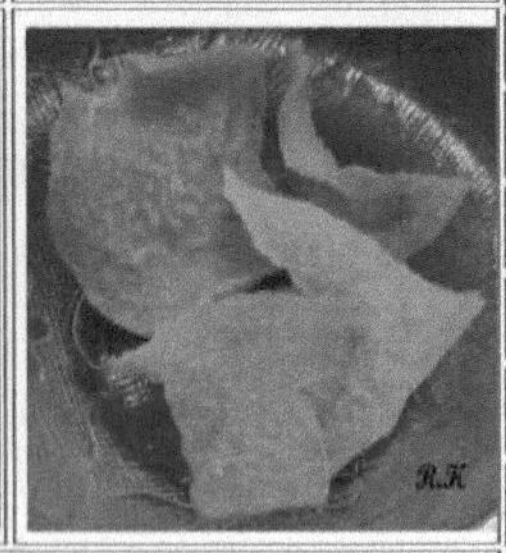
Division:	Tracheophyta		
Class:	Magnoliopsida		
Superorder:	Lilianae		
Order:	Dioscoreales		
Family:	Dioscoreaceae		
Common Name(s):		Baichnadi, Asiatic bitter yam, intoxicating yam Philippines:Nami, gayos, karot	
Important phytochemicals:		Disobulbinus, dyosballivan, glucosides, dioscorotoxin, dioscoresin, tenins, saponins etc.	

Dioscorea é um género que recebeu o nome do antigo médico e botânico grego "Dioscorides". É constituído por mais de 600 espécies de plantas com flores pertencentes à família Dioscoreaceae. É nativo das regiões tropicais e temperadas quentes do mundo. A grande maioria das espécies é tropical, com apenas algumas espécies a estenderem-se a climas temperados.

É uma liana herbácea tuberosa perene, que cresce até 2-12 m ou mais de altura com um sistema radicular fibroso. Produz anualmente cormos lobulares superficiais. O cormo é branco a amarelo-limão por dentro. O ramo é frequentemente espinhoso. As folhas estão dispostas em espiral, na sua maioria em forma de coração largo. Produz racemos de flores em forma de taça de abril a maio. As flores são individualmente discretas, amarelo-esverdeadas, com seis pétalas; na sua maioria, são dióicas, com plantas masculinas e femininas separadas, embora algumas espécies sejam monóicas, com flores masculinas e femininas na mesma planta. O fruto é uma cápsula na maioria das espécies e uma baga mole nalgumas espécies.

A Dioscorea hispida foi descrita pela primeira vez em 1818 por August Wilhelm Dennstedt. É originária da Índia, do Sudeste Asiático, da China, da Península Malaia e das Filipinas, em altitudes baixas e médias. Várias espécies, conhecidas como inhames, são cultivadas como importantes culturas agrícolas em regiões tropicais devido aos seus grandes tubérculos. Muitos destes são tóxicos devido à presença de saponinas esteróides, que podem ser convertidas através de uma série de reacções químicas em hormonas esteróides para posterior utilização na medicina e como contraceptivos.

A D. hispida é bem conhecida como uma planta venenosa porque contém uma substância tóxica, a dioscorina, um alcaloide isoquinuclidina. Investigações do passado revelaram que a dioscorina causa tonturas, náuseas, vómitos e, posteriormente, sonolência nos seres humanos. Estudos farmacológicos mostraram que a dioscorina apresenta atividade midriática, hipertermia e estimulação do sistema nervoso central. Hou et al., 2000 relataram que as dioscorinas têm potencial para exibir actividades inibidoras da anahidrase carbónica e da tripsina.

É também utilizada pelas tribos como medicina tradicional. As folhas são usadas especialmente para curar doenças, inchaço no estômago, e também são usadas como medicamento desparasitante. As folhas eram pulverizadas e depois aplicadas no estômago. Afirma-se também que as folhas de inhame intoxicantes eram também utilizadas para curar hérnias e asma. *A D. hispida* tem sido tradicionalmente utilizada para tratar dores de estômago, obstipação, indigestão, dores abdominais, disenteria, tosse, constipação, asma, tuberculose, feridas na pele, furúnculos, queimaduras solares, cortes e lesões (Barnali et al., 2015).

A D. hispida também foi usada como isco na captura de camarões. Alguns aldeões usavam inhame intoxicante como veneno para peixes, de forma a ser mais fácil para eles apanharem os peixes. De acordo com algumas partes da Ásia, o inhame intoxicante era utilizado para preparar veneno, e foi sugerido que o resíduo que sobra após a extração do amido poderia ser utilizado como inseticida (Nashriyah et.al, 2011).

Em várias regiões do sul da Índia, o xarope da raiz é utilizado para aliviar as dores de parto. Os tubérculos em pó eram utilizados como ingrediente de medicamentos para a cólera, obstipação, dores de cólica, asma, soluços, reumatismo e problemas gástricos relacionados com o alcoolismo (Foster e Duke, 2000; Natraj et. al., 2009). *A Dioscorea* sp. é utilizada para o tratamento da lepra e de tumores no Bangladesh (Mbiantcha et al., 2011).

A diosgenina é estruturalmente semelhante ao colesterol e é o principal ingrediente ativo das espécies de *Dioscorea*. É metabolizada no fígado e eliminada através da bílis. Devido à sua semelhança estrutural com os precursores de estrogénio, é colocada a hipótese dos seus efeitos estrogénicos e anti-inflamatórios (Satija, 2011). Foi relatado que o precursor da cortisona e fármacos esteroides relacionados derivam da *Dioscorea* sp. (Martin e Cabanillas, 1963). Estudos fitoquímicos revelaram que os derivados de purina, saponinas, amidos e mucilagem são constituintes activos na *D. hispida.* A alantoína, um dos derivados da purina, desempenha um papel importante no armazenamento de azoto (Yoon et al., 2008).

As saponinas de Dioscorea têm atividade anti-bacteriana contra *Bacillus subtilis* e *Staphylococcus aureus* (Quan et al., 2006). Também foram registadas propriedades anti-fúngicas e anticancerígenas (Sautour et al., 2004). A atividade anti-inflamatória do extrato etnólico da folha de *Dioscorea hispida* foi relatada por Panduranga et al., (2011). O radical DPPH, o ensaio de atividade de eliminação do radical hidroxilo e o teste de peroxidação anti-lípido revelaram actividades antioxidantes das espécies de *Dioscorea.* A pasta de folhas é utilizada para curar a lepra. As folhas têm propriedades anti-sépticas e são aplicadas em úlceras e abcessos. As plantas inteiras com folhas tenras são utilizadas para curar o cancro. Os seus tubérculos são uma fonte de dioscorina, que é um alcaloide lactónico, utilizado pelas mulheres tribais como medida de controlo da natalidade. O tubérculo também contém outros compostos bioactivos como esteróides, triterpenos, açúcar, taninos e aminoácidos.

Glycyrrhiza glabra			
Taxonomic Position		**Whole plant**	**Part Used (Rhizome)**
Kingdom:	Plantae		
Division:	Tracheophyta		
Class:	Magnoliopsida		
Superorder:	Rosanae		
Order:	Fabales		
Family:	Fabaceae		
Common Name(s):		Mulethi, liquorice, licorice and sweetwood	
Important phytochemicals:		Glycyrrhizin (glycyrrhizic acid or glycyrrhizinic acid), enoxolone (glycyrrhetinic acid or glycyrrhetic acid)	

A Glycyrrhiza glabra é utilizada na alimentação e na medicina há mais de 4000 anos. O registo mais antigo da sua utilização na medicina encontra-se no "código Hammurabi" (2100 a.C.). Era também uma das plantas importantes mencionadas nas ervas da Assíria (2000 a.C.). *G. glabra,* vulgarmente conhecida como alcaçuz e pau doce. Encontra-se distribuída no Sul da Europa, Síria, Irão, Afeganistão, Rússia, China, Paquistão e Norte da Índia. É uma planta herbácea perene que cresce até 1 a 2 m de altura e tem um sistema radicular primário longo e forte com quase 15 cm de comprimento, juntamente com 3 a 5 raízes subsidiárias. Existem vários estolhos lenhosos horizontais que podem atingir 8 m. Todos os anos são produzidos novos caules. São robustos, erectos, ramificados a partir da base ou mais acima, e são geralmente ásperos no topo. As folhas da folhagem são alternas, com pinadas ímpares e com 10 a 20 cm de comprimento. Os folíolos apresentam-se em 3 a 8 pares. As estípulas são muito pequenas e caídas. Floresce em março; as inflorescências auxiliares são erectas, em forma de espiga, com 10 a 15 cm de comprimento. Cada flor tem 1 a 1,5 cm de comprimento, de cor azulada a violeta clara, com um pedículo curto. A frutificação ocorre em agosto; o fruto é uma vagem e tem geralmente 3 a 5 sementes reniformes de cor castanha.

As raízes e os rizomas são de importância medicinal e são utilizados como pó, chás, tónicos, extractos, tinturas e decocções. As raízes são castanhas por fora e amarelas por dentro, são rectas, enrugadas e de madeira fibrosa. A sua raiz contém glicirrizina, que é cerca de 30 a 50 vezes mais doce do que o açúcar. Os seus extractos de raiz têm várias utilizações médicas como medicamentos à base de plantas e populares. Tem sido utilizada tanto na medicina oriental como na ocidental para tratar uma variedade de doenças, desde a constipação comum a doenças do fígado. Actua como um demulcente, um agente calmante e um expetorante, que ajuda a eliminar a fleuma acumulada nas vias respiratórias superiores. Ainda hoje é utilizada para várias doenças, embora nem todas as suas utilizações sejam apoiadas por provas científicas. É também utilizada como agente aromatizante do tabaco nos cigarros de mistura americana, que actuam como broncodilatadores para abrir os pulmões; e também como rebuçados ou adoçantes aromatizados.

No entanto, o consumo excessivo de extrato de alcaçuz, ou seja, mais de 2 mg/kg/dia de ácido glicirrízico puro, pode provocar efeitos adversos de hipocalemia inexplicada e fraqueza muscular (Asl e Hosseinzadeh, 2008; Omar et al., 2015). A retenção de líquidos no organismo é um dos efeitos secundários mais amplamente comunicados da utilização de glicirrizina, devido à inibição do metabolismo do cortisol nos rins e à subsequente estimulação dos receptores de mineralocorticóides (Ferrari et al., 2001).

Dois componentes muito importantes são extraídos das suas raízes:

1. Glicirrizina (também conhecida por ácido glicirrízico ou ácido glicirrízico)
2. Enoxolona (também conhecida por ácido glicirretínico ou ácido glicirrético)

A glicirrizina, estruturalmente uma saponina, é o principal constituinte de sabor doce e tem sido utilizada como emulsionante e agente formador de gel em géneros alimentícios e cosméticos. É utilizada no Japão para prevenir a carcinogénese hepática em doentes com hepatite C crónica. A glicirrizina inibe a lesão das células hepáticas e é administrada por via intravenosa para o tratamento da hepatite viral crónica e da cirrose. Também provou ser eficaz no tratamento da hepatite autoimune num ensaio clínico (Yasui et al., 2011). À semelhança da hidrocorticosona e de outras hormonas corticosteróides, a glicirrizina tem uma ação anti-inflamatória. Reduz a degradação dos esteróides pelos rins e pelo fígado e estimula a produção de hormonas pelas glândulas supra-renais. É eficaz contra a hepatite crónica e a cirrose hepática (Khare et al., 2004). Os polissacáridos de *G. glabra* têm a capacidade de estimular os macrófagos e, assim, aumentar a estimulação imunitária (Wagner et al., 2002).

O ácido glicirrízico presente na planta inibe o crescimento do vírus da gripe aviária e inativa as partículas do vírus (Arora et al., 2011). Para além do vírus da gripe aviária, a glicirrizina retarda o crescimento do VIH-1, do vírus da encefalite japonesa, do vírus da febre amarela, do vírus da SARS (Síndrome Respiratória Aguda Grave) e do vírus da hepatite C crónica, inibindo a ligação celular do vírus (Badam et al., 1997; De Clercq et al., 2000; Cinatl et al., 2003). Também tem actividades antibacterianas contra bactérias gram positivas e gram negativas *(P. aeruginosa, S. flexneri, E. coli, S. epidermidis, S. aureus, B. subtilis)* (Sharma et al., 2013). Foi demonstrado que os sais de cálcio mais fortes do ácido glicirrízico reduzem as enzimas aspartato transaminase (AST), alanina transaminase (ALT) e gama-glutamiltransferase (GGT) no fígado e melhoram a necrose e as lesões inflamatórias (Van Rossum et al., 2001).

A enoxolona, um triterpenóide pentacíclico, é um derivado obtido pela hidrólise do ácido glicirrízico. É também utilizado como agente aromatizante para mascarar o sabor amargo de medicamentos como o quinino. Tem propriedades antitússicas (Chandler, 1985) e é igualmente eficaz no tratamento da úlcera péptica.

Hedychium spicatum			
Taxonomic Position		**Whole plant**	**Part Used (Rhizome)**
Kingdom:	Plantae		
Division:	Tracheophyta		
Class:	Liliopsida		
Subclass:	Commelinidae		
Order:	Zingiberales		
Family:	Zingiberaceae		
Common Name(s):		Spiked Ginger Lily, Sandharlika, Kapur kachri	
Important phytochemicals:		camphene, pinene, myrcene, phellandrene, terpinene, p-cymene, limonene, 1,8-cineole, linalooloxide, terpenolene, p-cymene, benzyl cinnamate and benzyl acetate	

O Hedychium spicatum, vulgarmente conhecido por Kapurkachri, é uma espécie vegetal que habita os Himalaias, a China, Myanmar e a Tailândia. Na Índia, é distribuída nas regiões subtropicais ocidentais dos Himalaias de Assam, Arunachal Pradesh e Uttarakhand e nos Himalaias Centrais. Pertence à família das zingiberáceas e é uma erva perene com cerca de 1 metro de altura e caules folhosos que crescem sob o coberto florestal em terrenos marginais. É também conhecida localmente como Ban-Haldi. As folhas são oblongas/oblongas-lanceoladas, com a parte inferior peluda proeminente, atingindo 30 cm de comprimento e 12 cm de largura. Cresce numa vasta gama de condições climáticas, ou seja, solo húmido, posição solarenga e altitude que varia entre 1500 e 2800 m. Tolera temperaturas tão baixas como cerca de 2°C. Espigas por vezes com 30 cm, densamente floridas, brácteas grandes, oblongas, obtusas, cálice mais curto do que a bráctea, flores brancas ascendentes e do tipo imbricado. As flores hermafroditas florescem no mês de outubro e são brancas fragmentadas com uma base vermelha alaranjada numa espiga terminal densa, suportada por um caule robusto e frondoso. Os estames são mais curtos do que o labelo, a antera é linear, a cápsula é glabra e globosa. O fruto é uma cápsula globosa; quando maduro, as três válvulas abrem-se, expondo numerosas sementes pequenas e pretas, embebidas num arilo vermelho (Thakur et al., 1989).

Os rizomas possuem uma atividade analgésica significativa, anti-inflamatória, citotóxica, anti-malária, hipoglicémica, vasodialisadora, espasmolítica, antiasmática, hipotensiva e pediculicida (Husain et al., 1992). O óleo essencial do rizoma também é utilizado para prevenir as doenças transmitidas pelas sementes das culturas e tem uma atividade tranquilizante ligeira. O rizoma em pó da espécie está a ser utilizado no tratamento da asma brônquica, tosse, sensação de peso no peito, eosinofilia pulmonar, febre e outros problemas respiratórios. Os rizomas são também utilizados em condições como insónias, perda de apetite, dispepsia, diarreia, hemorróidas, problemas hepáticos, úlceras, doenças de pele e artrite reumatoide. Também é utilizado como antídoto para mordeduras de cobra. Também é útil no tratamento de condições de má circulação devido ao espessamento dos vasos sanguíneos. É um dos ingredientes do creme de desaparecimento à base de plantas (Sravani et al., 2011).

A H. spicatum tem um forte odor aromático e um sabor amargo. Os rizomas são brancos e ricos em amido. É utilizado na preparação de pó colorido perfumado utilizado em cerimónias religiosas. Tem também propriedades repelentes de insectos que são úteis para conservar a roupa e também é utilizada como auxiliar na tinturaria para conferir um cheiro agradável aos tecidos. São utilizados com hena para produzir tecido perfumado conhecido localmente como tecido Malagiri (Joshi et al. 2011). Os rizomas triturados também são utilizados para perfumar o tabaco. A sua aplicação também entrou na preparação de pós cosméticos utilizados para promover o crescimento do cabelo. Em Bengala Ocidental, está a ser utilizado como chars ou iscos perfumados para peixes após fritura ou mistura com outros ingredientes. É muito utilizada em medicina veterinária.

Os óleos essenciais extraídos do rizoma de *H. spicatum* demonstraram atividade antimicrobiana. Os extractos de éter de petróleo e clorofórmio mostraram inibição no crescimento de culturas bacterianas gram positivas e gram negativas, incluindo alguns *Staphylococcus aureus* resistentes à meticilina e à vancomicina e culturas fúngicas (Bishit et al., 2006). O terpenóide derivado de *H. spicatum* mostrou atividade antimicrobiana contra *Staphylococcus aureus, Shigella flexneri, Pasteurella multocida* e *Escherichia coli* (Joshi et al., 2008).

O extrato $CHCl_3$ dos rizomas continha dois diterpenos do tipo labdano. Estes diterpenos exibiram atividade contra Colo-205 (cancro do cólon), A-431 (cancro da pele), MCF-7 (cancro da mama), A-549 (cancro do pulmão), e linhas de células de ovário de hamster chinês (CHO) (Misra et al., 1991). O extrato metanólico do rizoma demonstrou atividade anti-helmíntica contra minhocas indianas adultas, *Pheretima posthuma.* A sua afetividade para causar a morte do verme foi comparada com o medicamento padrão citrato de piperazina e foi considerada eficaz (Sravani et al., 2011). O extrato de benzeno do rizoma possui uma atividade analgésica e anti-inflamatória significativa (Tandon et al., 1997). O seu óleo volátil aromático, isolado do rizoma, é conhecido como "Óleo de Kapur Kachri", que contém metoxicinamato como principal produto químico (Iyenger, 1991). O óleo essencial contém cineol, terpineno, limoneno, felandreno, p-cimeno, linalol e terpeneol como constituintes principais. O extrato bruto do rizoma está a ser utilizado na preparação de um medicamento anticancerígeno chamado PDMA 28 (Nayab et al., 2004).

Justicia adhatoda			
Taxonomic Position		**Whole plant**	**Part Used (Leaves)**
Kingdom:	Plantae		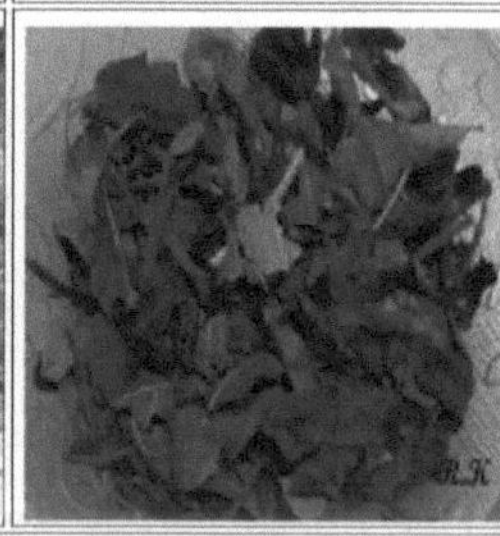
Division:	Tracheophyta		
Class:	Magnoliopsida		
Superorder:	Asteranae		
Order:	Lamiales		
Family:	Acanthaceae		
Synonym(s):		*Adhatoda vasika, Adhatoda zeylanica*	
Common Name(s):		Malabar nut, adulsa, arusha, vasaka, justicia adhatoda, adulsa arusa, adathodai, bakash, adathoda, adalodakam, adusoge, addasaramu, lion's muzzle, stallion's tooth	
Important phytochemicals:		Vasicine and vasicinone	

A Justicia adhatoda está a ser utilizada há milhares de anos para manter a saúde humana e civilizar a qualidade do ser humano. A planta pertence à família das acantáceas e é vulgarmente conhecida de forma diferente em diferentes línguas e regiões da Índia como Adosa, Arusha, Rus, Bansa (hindi), Adulsa, Bakash, Vasok (bengali); Aradusi (gujrati); Bhekkar (panjabi); Vasaka (sânscrito) e Malbar nut (inglês), etc. A planta é um arbusto perene e está muito difundida nas regiões tropicais do mundo, estando pouco representada nas regiões temperadas (Mabberley, 1997). A espécie é habitante de várias regiões do Sudeste Asiático (Chakrabarty e Brantner, 2001) e a sua distribuição inclui o Sri Lanka, o Nepal, a Índia, o Paquistão, a Indonésia, a Malásia e a China. Distribui-se por toda a Índia nos Himalaias inferiores, até uma altitude de 1000 m. As plantas crescem bem em áreas com pouca humidade e solos secos. A planta também é cultivada em zonas tropicais.

A J. adhatoda é uma pequena planta perene com folhas largas e lanceoladas de 10 a 16 cm de comprimento e 5 cm de largura. Estas tornam-se castanho-esverdeadas quando secas e possuem um sabor amargo semelhante ao do chá forte. A madeira do caule é macia e constitui um ótimo carvão para pólvora. As flores possuem pétalas grandes e brancas com uma faixa roxa no lábio inferior. O fruto é uma pequena cápsula com quatro sementes.

Todas as partes da planta têm sido utilizadas para fins terapêuticos desde tempos antigos (Atal, 1980). Os principais compostos fitoquímicos activos, como a vasicina e a vasicinona, que exercem acções farmacológicas eficazes, são isolados de extractos aquosos e alcoólicos da planta. Tem sido utilizada no sistema de medicina ayurvédica para o tratamento de várias perturbações respiratórias tanto em crianças como em adultos (Claeson et al., 2000). As folhas, raízes e flores da planta, também designadas por vasa/ vasaka, foram amplamente utilizadas na medicina tradicional desde há milhares de anos para tratar perturbações respiratórias como a asma. É útil no tratamento da bronquite, da tuberculose e de outras doenças dos pulmões e dos brônquios. Foi relatado que as folhas contêm alcalóides, vasicinona, vasicinol, adhatodina, adhatonina, adhavasinona, anisotina e peganina como constituintes principais (Lahiri e Pradhan, 1964). O concentrado das folhas é utilizado como uma cura à base de plantas para a tosse e a constipação devido à sua ação expetorante e broncodilatadora (Karthikeyan et al., 2009). A ação calmante ajuda a aliviar a irritação na garganta e a sua ação expetorante solta os depósitos de catarro no trato respiratório superior, tornando-o assim um bom remédio para a dor de garganta. Foi relatado que as folhas possuem propriedades antibacterianas (George et al., 1947), cicatrizantes (Zama e Singh, 1991), antituberculosas (John e Snell, 1996), antitussígenas (Dhuley, 1999) e imunomoduladoras (Vinothapooshan e Sundar, 2011). Também é utilizada na cura da menorragia (Kirtikar e Basu, 1975), hemorróidas (Ahmad et al., 2009), impotência e distúrbios sexuais (Pushpangadan et al., 1995). O fumo das folhas é utilizado para a asma (Shah e Joshi, 1971), as folhas amarelas são utilizadas para a tosse (Lal e Yadav, 1983) e as folhas frescas são utilizadas para picadas de cobra na Índia e no Sri Lanka (Roberts, 1931).

Várias partes da planta são também utilizadas na medicina tradicional indiana para o tratamento da asma, dores nas articulações, dores nas madeiras, entorses, constipação, tosse, eczema, malária, reumatismo, lepra, febre, vómitos, perda de memória, leucoderma, iterícia, tumores, problemas bucais, dor de olhos, gonorreia, inchaço e doenças venéreas. Um cataplasma das folhas possui propriedades antibacterianas e anti-inflamatórias e é geralmente aplicado em feridas, bem como no alívio de sintomas reumáticos quando aplicado nas articulações. Também controla hemorragias internas e externas, como úlceras pépticas, hemorróidas e sangramento das gengivas.

Na Ayurveda, esta erva é também conhecida pelas suas qualidades antiespasmódicas, expectorantes e purificadoras do sangue. O sumo feito a partir das folhas era utilizado como tratamento para a diarreia e a disenteria e, no sul da Índia, as folhas em pó eram utilizadas para tratar a malária. Além disso, era utilizada como medicina popular para acelerar o parto. O fitoquímico vasicina presente no seu extrato tem atividade uterotónica. Inicia contracções rítmicas de tiras miometriais humanas de úteros não grávidos e grávidos com um efeito comparável ao da oxitocina e da methergina (Atal, 1980).

O extrato aquoso demonstrou ser ativo contra a flora microbiana isolada de pacientes com gengivite. O extrato alcoólico das folhas e das raízes possui atividade antibacteriana contra *S. aureus* e *E. coli.* O extrato etanólico bruto das folhas apresentou atividade antimicrobiana contra *Staphylococcus epidermidis, Bacillus subtilis, Proteus vulgaris* e *Candida albicans.*

J. adhatoda também tem sido utilizada pelos médicos europeus. O extrato fluido e a tintura eram utilizados em Inglaterra como antiespasmódico, expetorante e febrífugo. Dizia-se que era benéfico em casos de febre intermitente, tifo e difteria. Na Alemanha, as folhas são utilizadas como expetorante e agente espasmolítico. Na Suécia, *a J.adhatoda* é classificada como um remédio natural e algumas preparações contra a tosse contêm o seu extrato. Pode ser utilizada como medicamento anti-inflamatório, o que foi demonstrado no teste da membrana corioalantóica do ovo de galinha modificado. A fração alcaloide mostrou uma atividade potente a uma dose de 50 pg/pellet (Chakrabarty e Brantner, 2001).

Mesua ferrea			
Taxonomic Position		**Whole plant**	**Part Used (Leaves)**
Kingdom:	Plantae		
Division:	Magnoliophyta		
Class:	Magnoliopsida		
Order:	Malpighiales		
Family:	Clusiaceae		
Subfamily:	Kielmeyeroideae		
Tribe:	Calophyllaceae		
Synonym(s):		*Mesua roxburghii, Mesua nagassarium*	
Common Name(s):		Nagkesara, Cobra's saffron, Ceylon ironwood, Indian rose chestnut	
Important phytochemicals:		α-Amyrin, β-amyrin, β-sitosterol, mesuol, measuone, mesuanic acid, mesuaferrones A and B, biflavonoids	

A Mesua ferrea, vulgarmente conhecida como Nagkesara, é habitante das regiões húmidas e tropicais do Sri Lanka, Índia, sul do Nepal, Birmânia, Tailândia, Malásia e Sumatra (Kritikar e Basu, 1981). Na Índia, cresce nos Himalaias orientais, em Bengala, em Assam, nos Ghats orientais e ocidentais e nas ilhas Andaman, especialmente nos vales dos rios. Na Índia, encontra-se a crescer até altitudes de 1500 m (Dassanayake, 1980) nos Himalaias orientais e nos Ghats ocidentais da zona de Konkan e Malabar e até 1000 m no Sri Lanka. É uma árvore sempre verde que cresce até 30 m de altura e possui uma casca cinzenta. As folhas são simples, opostas, estreitas, lanceoladas, esverdeadas na parte superior e esbranquiçadas na parte inferior, com 7 a 15 cm de comprimento e 1,5 a 3,5 cm de largura. As folhas possuem um pecíolo pendular de 5-8 mm de comprimento, de cor castanha raiada e caído quando jovens. As flores são bissexuais, com quatro pétalas brancas e com numerosos estames amarelo-alaranjados no centro. Floresce nos meses de julho e agosto. Os estames das flores são conhecidos como Kesar. As flores dos estames são utilizadas principalmente para fins medicinais. O fruto é uma cápsula globosa com 1 a 4 sementes castanhas escuras com cotilédones oleosos e carnudos. A planta é cultivada pela sua madeira dura, folhagem e flores perfumadas. A sua madeira é considerada muito pesada e utilizada no fabrico de linhas férreas duras e de madeira estrutural.

A M. ferrea é uma erva amarga e um pouco venenosa; mesmo assim, possui várias propriedades medicinais valiosas. Muitas partes da árvore, nomeadamente a madeira, a casca e as flores, possuem muitos benefícios medicinais ou terapêuticos. É utilizada em inflamações e condições sépticas (Rai et al., 2000). As tribos de Assam utilizam esta planta pelas suas propriedades anti-sépticas, purgativas, purificadoras do sangue, controlo de vermes e tónicas (Parukutty et al., 1984). É um hemostático que pára a hemorragia e é também um anti-inflamatório. As flores são pungentes, digestivas, constipantes e estomacais por natureza. É utilizada para tratar a asma, tosse, febre, vómitos, dores de garganta, comichão, reumatismo, lepra, prisão de ventre (Nadkarni, 1976; Husain et al., 1992; Sahni, 1998) e para curar mordeduras de cobra (Santamaria, 1978). *A "Farmacopeia Ayurvédica da Índia"* recomenda a utilização da planta em gota, distúrbios hemorrágicos e doenças da bexiga urinária. É benéfica no tratamento das hemorragias pilosas e da metrorragia (hemorragia uterina irregular). Os extractos da árvore são também úteis no tratamento de doenças respiratórias (bronquite). O extrato da flor mostrou a interrupção da gravidez em ratos com falha de implantação de embriões (Sethi et al. 1989). O extrato da sua flor exibiu atividade estrogénica e progestacional em humanos e ratos (Meherji et al., 1978), revelando que estes compostos podem ser úteis para corrigir o desequilíbrio hormonal em distúrbios menstruais.

Os principais constituintes da *M. ferrea* incluem mesuaferrona-A e B, mesuaferrol, ácido mesuânico, a- amirina e 0-amirina e 0-sitosterol (Subramanyam e Subba Rao, 1977). O mesuol e a mensuona são os dois principais fitoconstituintes com atividade antibiótica. O mesuol é mais ativo do que a mensuona contra a *Mycobacterium phlei.* No sistema tradicional de medicina, tem sido utilizado para tratar reumatismo (Manandhar, 1990), lepra, doenças de pele, erisipela, hemorragias nas hemorróidas, sudação e sede excessiva, etc. (Kirtikar et al. 1995). Também possui a atividade antiespasmódica (Prasad et al., 1999), bactericida e antimicrobiana da flor (Kakrani et al., 1984; Mazumder et al., 2004; Verotta et al., 2004). O seu óleo de semente possui actividades antimicrobianas, anti-inflamatórias e dependentes do sistema nervoso central (Gopalakrishnan et al., 1980), atividade antipirética e antiasmática (Bhinde et al. 1977; Kirtikar et al. 1995). Estudos *in vivo* do óleo de semente revelaram a sua atividade antioxidante e imunomoduladora (Chahar et al., 2012), bem como actividades de desinfeção (Adewale et al., 2011). O extrato metanólico de flores secas de *M. ferrea* mostrou atividade hepatoprotectora e antioxidante em ratos Balb/c infectados experimentalmente com *Staphylococcus aureus.* Foram efectuados ensaios antioxidantes enzimáticos utilizando as enzimas Superóxido dismutase, Catalase, Glutationa peroxidada, Glutationa redutase (Garg et al., 2009). Foi obtida uma proteção significativa em ratos albinos suíços tratados com extrato quando os ratos foram desafiados com 50 MLD de uma estirpe virulenta de *Salmonella typhimurium* (Mazumder et al., 2004).

Myristica fragrans			
Taxonomic Position		**Whole plant**	**Part Used (Seeds)**
Kingdom:	Plantae		
Division:	Tracheophyta		
Class:	Magnoliopsida		
Superorder:	Manglioanae		
Order:	Magnoliales		
Family:	Myristicaceae		
Common Name(s):		Nutmeg, Muscdier, Nux moschata, Muskatbaum	
Important phytochemicals:		Eugenol, Methylisoeugenol, Methyleugenol, Sabinene, Elemicin, Terpinen-4-ol, Myristicin, Safrole	

A Myristica fragrans é nativa das ilhas perto da Indonésia e desenvolve-se bem em condições quentes e húmidas, mas agora é cultivada como especiaria em todo o mundo. No sul da Índia, é cultivada no estado de Kerala. É uma árvore perene e de crescimento lento. A árvore tem cerca de 25 pés de altura. As flores são dióicas, pequenas e estão presentes em racemos axilares.

Da árvore M. *fragrans* obtêm-se duas especiarias:

1. Noz-moscada e
2. Mace.

A noz-moscada é o miolo seco da semente e a maça é a casca avermelhada seca da semente. A árvore tem um valor elevado devido à presença de óleos essenciais derivados da casca e das folhas, que são utilizados como medicina alternativa e fitoterapia. As sementes são firmes, carnudas, esbranquiçadas, atravessadas por veias castanho-avermelhadas, com óleo. A casca, a maça e as sementes têm sido amplamente utilizadas nos sistemas medicinais tradicionais ayurvédicos, chineses e tailandeses (Somani et al., 2008).

A M. fragrans é uma especiaria e um ingrediente aromatizante em produtos alimentares com possíveis efeitos benéficos para a saúde, tais como actividades anti-inflamatórias e antimicrobianas (Dorman et al., 1995; Parle et al., 2004). O seu conteúdo benéfico contém fibra dietética, manganês, tiamina, vitamina B6, folato, magnésio, cobre e macelignano. Os óleos voláteis são obtidos por destilação a vapor. O óleo de Myristica contém principalmente miristicina, eugenol, isoeugenol, safrol, elemicina e sabeneno. Um número de compostos químicos antioxidantes, nomeadamente carotenóides, terpenóides, alcalóides, flavonóides, lenhina, fenóis simples, ácidos fenólicos, etc. (Madsen e Bertelsen, 1995; Howell e Saeed, 1999; Liu e Ng, 2000) estão disponíveis nas plantas herbáceas e *a M. fragrans* possui propriedades antioxidantes (Murcia et al., 2004; Misharina et al., 2009; Kim et al., 2008).

A noz-moscada tem propriedades antioxidantes que inibem os danos causados pelas espécies reactivas de oxigénio (ROS) nos lípidos das membranas, no ADN e nas proteínas (Su et al., 2007). Os componentes do óleo essencial da noz-moscada são o sabineno, o terpinen-4-ol, o safrol, o a-pineno, o 0-felandreno, o y-terpineno, o 0-pineno, o a-terpineno, o terpinoleno e o a-thujeno (Gurdip, 2005), que são importantes na atividade antioxidante (Ruberto e Baratta, 2000).

Os extractos de acetato de etilo e de etanol da polpa, da semente e da maça de *M. fragrans* revelaram propriedades antibacterianas contra *Porphyromonas gingivalis*, uma das principais bactérias responsáveis por doenças periodontais (Shafiei et al., 2012). A atividade antimicrobiana do seu óleo foi testada contra bactérias e fungos patogénicos, o que revelou uma atividade inibidora significativa contra as bactérias *Enterococcus faecalis, Lactococcus plantarum* e *Proteus vulgaris* e os fungos *Candida albicans, C. tropicalis, C. glabrata* e *Rhizomucor miehei* (Helen et al., 2012).

O seu óleo mostrou uma atividade citotóxica significativa contra o cancro da mama e linhas celulares de cancro epidérmico da pele. O extrato aquoso de maça foi eficaz contra o sarcoma 180, quando administrado por via intraperitoneal (Helen et al., 2012). A especiaria é utilizada como remédio para problemas associados à gravidez, como dores de estômago, reumatismo e vómitos (Sonavane et al., 2002). A miristicina tem uma atividade hepatoprotectora significativa (Morita et al. 2003). Também modula a atividade da glutationa-S-transferase no fígado do rato e afecta o sistema de desintoxicação hepática (Singh & Rao 1993). A miristicina e a elemicina, os dois compostos voláteis do óleo de noz-moscada, estão relacionados com a intoxicação e a ação alucinogénia, enquanto o safrol é suspeito de ter efeitos cancerígenos (Harvey, 1975). O seu óleo é muitas vezes utilizado tradicionalmente para tratar as dores de dentes. Aplica-se nas gengivas uma compressa de algodão contendo o óleo de noz-moscada. É também utilizado para tratar o mau hálito. O óleo misturado com mel é utilizado para tratar perturbações relacionadas com o estômago, como náuseas, gastroenterite, diarreia crónica e indigestão. No sistema de medicamentos da homeopatia, é utilizado para curar a depressão (Saxena e Patil, 2012). O seu potencial antioxidante foi avaliado com recurso ao extrato metanólico da polpa, da semente e da maça da noz-moscada, utilizando a capacidade de eliminação do radical 2,2-difenil-1-picrilhidrazil (DPPH), a análise da recuperação da fluorescência após fotodescoloração (FRAP) e o ensaio de peroxidação do ácido linoleico utilizando o reagente FTC. Foi observado um elevado potencial antioxidante do extrato de sementes devido a quantidades mais elevadas de compostos de taninos, flavonóides e terpenóides (Assa et al., 2014). A sua atividade antiparasitária foi determinada contra *Toxoplasma gondii*, que é um parasita intracelular obrigatório que pode infetar e propagar-se em praticamente todas as células hospedeiras nucleadas. A infeção com *Toxoplasma gondii* resulta em toxoplasmose, uma doença infecciosa que ocorre em todo o mundo. O óleo essencial de noz-moscada apresentou atividade *anti-Toxoplasma gondii*, com baixa toxicidade celular em linhas celulares VERO, como evidenciado pelo ensaio de redução do corante MTT (Pillai et al., 2012).

Myrica nagi			
Taxonomic Position		**Whole plant**	**Part Used (Seeds)**
Kingdom:	Plantae		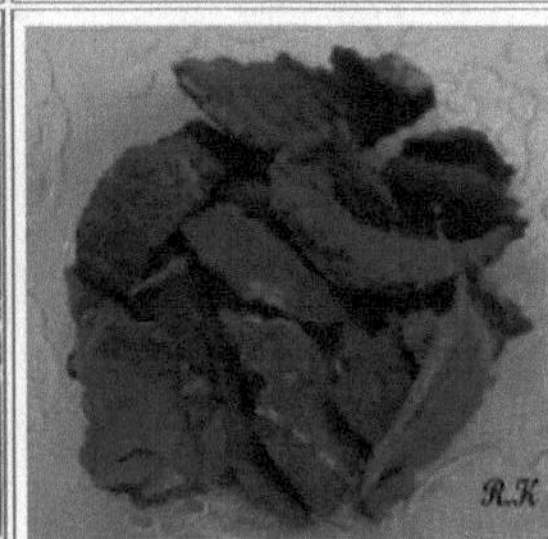
Division:	Tracheophyta		
Class:	Magnoliopsida		
Superorder:	Rosanae		
Order:	Fagales		
Family:	Myricaceae		
Synonym(s):		*Myrica esculenta, Myrica integrifolia*	
Common Name(s):		Box myrtle, bay berry, kayaphal , Kaichal	
Important phytochemicals:		Myricetin, myricitrin, glycosides, flavone-4'-hydroxy-3',5,5'-trimethoxy-7-O-β-I-D-glucopyranosy)(1→4)-α-L-rhamnopyranoside, flavone-3',4'-dihydroxy-6-methoxy-7-O-α-L-rhamnopyranoside; β-sitosterol; β-sitosterol-β-D-glucopyranoside and quercetin.	

A ***Myrica nagi*** pertence à família Myricaceae e a erva encontra-se nas regiões montanhosas do norte da Índia (especialmente nas regiões de Garhwal e Kumaun) e do Nepal (particularmente no Nepal ocidental) a uma altitude variável de 1000-2000 m. É uma árvore de altura média de 20 a 25 pés com casca macia e quebradiça. As folhas são conjuntas, com 1 a 2 pés de comprimento e folhetos em pares de 6 a 9. As flores são encontradas em cachos e geralmente de cor branca. De acordo com a Ayurveda, a planta tem duas variedades com base na cor da flor:

1. *"Shweta"* (Branco) e
2. *"Rakta"* (Vermelho).

Os frutos são globosos com cerca de 1,2 cm de diâmetro, drupas suculentas, com endocarpo bardado. As sementes têm uma forma triangular, um aspeto enrugado e um sabor adstringente.

A M. nagi tem um longo historial de utilizações na medicina tradicional contra várias doenças (Bhatt et al., 2000). Na medicina ayurvédica e noutras práticas medicinais tradicionais, as plantas têm sido utilizadas contra doenças como febre, debilidade cardíaca, febre tifoide, diarreia e disenteria. A casca é a única parte importante da espécie que tem valor terapêutico e é utilizada para fins medicinais. É amarga, aromática, pungente e actua como estimulante, adstringente, carminativa e anti-séptica na medicina indígena; é considerada útil em febres, asma e tosse (Collett, 1902). Contém Myricitrin que mata as bactérias. A casca é utilizada para estancar hemorragias, remover gases do estômago, estimular a secreção biliar e é muito importante na retenção de potássio no corpo. A casca é também útil na febre catarral, asma, descargas urinárias, hemorróidas, anemia, disenteria crónica, úlceras, bronquite, tosse e infecções da garganta. O óleo preparado a partir da mesma é utilizado para parar a dor de ouvidos (Kumari et al., 2011). O seu rapé é útil em dores de cabeça e na cura de doenças oculares. O óleo das flores é um tónico, útil em dores de ouvido, diarreia, inflamações e paralisia. Foi observada uma potencial atividade anti-alérgica utilizando o extrato etanólico da casca do caule em ratos alérgicos induzidos experimentalmente. O extrato etanólico aquoso da casca também mostrou atividade anti-helmíntica (Jain e Jain, 2010). Os frutos da árvore possuem actividades antioxidantes devido à presença de flavonóides e podem ser consumidos como antioxidantes naturais.

Foi observada atividade anti-inflamatória em pata edematosa de rato após tratamento com extractos aquosos da casca. Foi observada uma redução de 18-25% no edema em comparação com o medicamento padrão, que mostrou uma redução de 27%. Possivelmente, os flavonóides e os esteróides presentes na Myrica são responsáveis pela atividade (Patel et al., 2011). O extrato etanólico aquoso da casca tem atividade anti-helmíntica na minhoca indiana. O extrato causou paralisia da minhoca no grupo testado e mais tarde resultou em morte em todas as doses testadas e foi considerado mais eficaz do que a referência (Jain et al., 2010). Previne o stress oxidativo cutâneo induzido pelo hidroperóxido de cumeno e a toxicidade em ratos e o efeito protetor foi considerado dependente da dose (Alam et al., 2000). A atividade antimicrobiana do óleo essencial da casca do caule foi demonstrada contra várias bactérias como *Escherichia coli, Streptococcus pyogenes* (Saklani et al., 2012). Mostrou atividade hepatoprotectora em ratos Wistar albinos sob a forma de herbitar, uma formulação poli-herbácea, que altera a peroxidação lipídica e o estado dos antioxidantes durante a hepatotoxicidade induzida por CCl_4 (Samundeeswari et al., 2011). A atividade antialérgica da *Myrica esculenta* foi estudada para a casca do caule. O extrato etanólico da casca do caule apresentou uma atividade antialérgica significativa na pleurisia alérgica induzida por ácido acético e na permeabilidade vascular no modelo experimental de ratinhos (Patel et al., 2010).

<table>
<tr><th colspan="4">Nardostachys jatamansi</th></tr>
<tr><th colspan="2">Taxonomic Position</th><th>Whole plant</th><th>Part Used (Roots)</th></tr>
<tr><td>Kingdom:</td><td>Plantae</td><td rowspan="5"></td><td rowspan="5">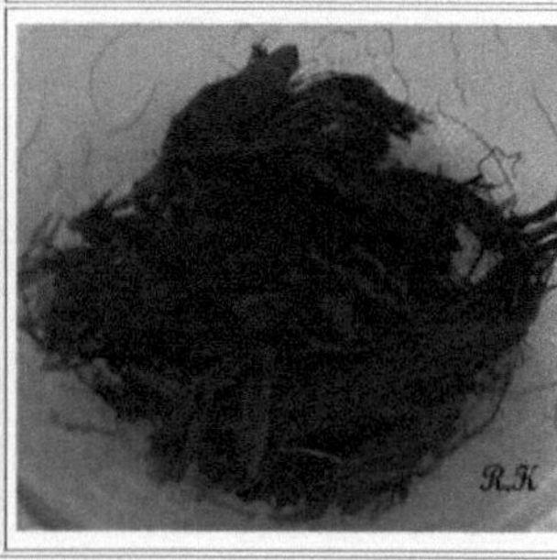</td></tr>
<tr><td>Division:</td><td>Mangnliophyta</td></tr>
<tr><td>Class:</td><td>Magnoliopsida</td></tr>
<tr><td>Order:</td><td>Dipsacales</td></tr>
<tr><td>Family:</td><td>Valerianaceae</td></tr>
<tr><td colspan="2">Synonym(s):</td><td colspan="2">Nardosts grandiflora, Valeriana jatamansi, Fedia jatamansi</td></tr>
<tr><td colspan="2">Common Name(s):</td><td colspan="2">Jatamansi, Sambullateeb, Balchar, spikenard, nard, nardin, muskroot</td></tr>
<tr><td colspan="2">Important phytochemicals:</td><td colspan="2">Sesquiterpenes (valeranone), coumarins (jatamansin), terpenoids (spirojatamol, nardostsin, jatamols-A and B, and calarenol), acaciin, ursolie acid, octacosanol, kanshone-A, nardosinonediol, nardosinone, aristolen-9 β-ol, oleanolic acid, β-sitosterol</td></tr>
</table>

A Nardostachys jatamansi é uma planta pequena, perene, anã, peluda, rizomatosa, herbácea e com a floração mais primitiva da família das valerianáceas que cresce nos Himalaias da Índia (Jammu e Caxemira, Himachal Pradesh, Uttarakhand, Sikkim), Nepal, Tibete e China. Devido à exploração excessiva dos rizomas para uso medicinal e a outros factores (degradação do habitat; interferências bióticas), a espécie tornou-se criticamente ameaçada (Nayar e Sastry, 1988; Airi et al., 2000). A planta cresce até cerca de 1 m de altura em zonas rochosas húmidas e íngremes, encostas relvadas não perturbadas ou em pedras com solo franco-arenoso grosseiro. Tem flores cor-de-rosa em forma de sino. É vulgarmente conhecida na Índia como jatamansi, sambullateeb, balchar, etc.

A Jatamansi é uma erva rara. A espécie tem uma longa história de utilização como medicamento na Ayurveda, na homeopatia e na medicina étnica até à indústria da medicina moderna. Tradicionalmente, as plantas têm sido utilizadas desde há muito tempo para dores de cabeça nervosas, excitação, sintomas da menopausa, flatulência, epilepsia e cólicas intestinais. A raiz tem um sabor amargo e é utilizada como aromática, antiespasmódica, diurética, emenagoga e sedativa para os nervos no sistema de medicina tradicional indiano. Na Ayurveda, as raízes e os rizomas de *N. jatamansi* são utilizados para tratar a histeria, a epilepsia e as convulsões. A decocção da droga também é usada em distúrbios neurológicos, insónia e distúrbios do sistema cardiovascular (Subashini et al., 2007). Revelou actividades tranquilizantes distintas, bem como hipotensivas, hipolipidémicas, anti-isquémicas, antiarrítmicas, hepatoprotectoras, anticonvulsivas e neuroprotectoras (Arora et al., 1958; Rao et al., 2005; Subashini et al., 2007; Vinutha et al., 2007).

Os sesquiterpenos (ácido jatamansico, jatamansona), lignanas e neolignanas estão presentes nas raízes desta planta. É principalmente um sedativo nervoso e frequentemente utilizado para tratar pacientes com insónias. Também é antidepressivo, antipirético, anti-malárico, diurético e melhora a aprendizagem e a memória. O óleo essencial *de N. jatamansi* mostrou atividade estática contra fungos *Aspergillus flavus, Aspergillus niger* e *Fusarium oxysporum* (Mishra et al., 1995), *Mucor fragilis* e *Rhizopus stolonifer* dependendo da quantidade de óleo (Sarbhoy et al., 1978). Os extractos foram testados contra *Saccharomyces cerevisiae*, *Aspergillus niger*, *Candida albicans*, *Streptococcus faecalis*, *Klebsiella pneumonia*, *Staphylococcus epidermidis*, *Staphylococcus aureus*, *Micrococcus luteus*, *Bordetella bronchiseptica*, *Bacillus subtilis*, *Bacillus pumilus*, e *Bacillus cereus varmycoides* e foram considerados eficazes (Tambekar et al, 2010). Há muito que é utilizado em tónicos capilares e óleos capilares para promover o brilho e o crescimento do cabelo (Bagchi et al., 1991).

O seu extrato apresenta citotoxicidade. A sua eficácia foi avaliada contra o modelo de tumor sólido Sarcoma-180 e revelou que a sua fração de butanol foi capaz de reduzir o crescimento do tumor em 29% (Bhagat et al., 2013). O extrato bruto da planta é mais eficaz contra o tumor do que as suas fracções. A possível resposta a este enigma é que, porque as raízes da planta contêm Jatamansone ou valeranone como o principal sesquiterpeno, incluindo outros sesquiterpenos como nardostachone, dihydrojatamansin, jatamansinol, ácido jatamansic, etc. (Gottumukkala et al., 2011) e possivelmente juntos actuam sinergicamente do que em fracções (Bhagat et al., 2013). O extrato de jatamansi juntamente com o extrato de *Rhus succedanea* demonstraram uma resposta constritora significativa da histamina, acetilcolina e serotonina nos músculos lisos (Gupta et al., 1963). O extrato hidroalcoólico da raiz demonstrou ter um efeito anti-parkinsonismo (Ahemad et al., 2009). A depleção de dopamina é considerada uma das principais causas do parkinsonismo nos seres humanos (ou) em modelos animais. O extrato de raiz aumentou o teor de dopamina em ratos, o que resultou na restauração da atividade locomotora e do comportamento exploratório. Também protegeu os ratos contra a isquemia focal causada pela oclusão da artéria cerebral média. A eficácia protetora pode ser atribuída à melhoria do teor de glutatião, à inibição da peroxidação lipídica, à bomba Na /K^{++} ATPase e aos sistemas enzimáticos da catalase (Salim et al., 2003). O seu papel cardio-protetor foi observado na cardiomiopatia induzida pela DOX, um antibiótico glicosídeo antraciclina administrado durante a quimioterapia do cancro. Os efeitos secundários da DOX incluem a produção de espécies de radicais livres (Doroshow 1983), a peroxidação lipídica das membranas microssomais cardíacas (Limbaugh et al., 1983), um potencial de membrana cardíaca altamente negativo (Lampidis et al., 1981) e a perturbação de um programa de expressão genética específico do coração (Arai et al., 1998) com um aumento da fração LDL e VLDL e uma diminuição da HDL, que pode ser correlacionada com um risco acrescido de aterosclerose. A administração de *N. jatamansi* reduz os níveis de LDL e VLDL e aumenta o colesterol HDL através da inibição da reação em cadeia da peroxidação lipídica (Tripathi et al., 1996). Os animais tratados com DOX apresentaram uma perda acentuada de miofibrilhas e inflamação, tendo os animais pré-tratados com extrato de jatamansi conseguido melhorar as anomalias, possivelmente através da prevenção da peroxidação lipídica (Tripathi et al., 1996).

A N. jatamansi contém lupeol e 0-sitosterol. O lupeol é um triterpeno pentacíclico que exibe uma atividade antitumoral através da regulação do ciclo celular e da indução de apoptose e é conhecido por inibir a proliferação de MCF-7, MDA-MB-231 e outras células do cancro da mama (Saleem et al., 2009, Lambertini et al., 2005). Inibe a proliferação das células do cancro da próstata através da via de sinalização *regulada pela ciclina-B* e da regulação positiva da *Bax* e da *caspase-3* e da regulação negativa dos genes *bcl-2* e *survivina* (Prasad et al., 2008). O efeito quimiopreventivo e pró-apoptótico do efeito do 0-sitosterol foi observado em células MDA-MB-231 (Vundru et al., 2013). Outros terpenóides de *N. jatamansi* incluem o ácido ursólico e o ácido 3-O-arabinosil ursólico, que demonstraram citotoxicidade em células do pulmão (A-549), da próstata (DU-145), do cancro da mama (MCF-7) e do neuroblastoma (SK-N- SH) (Rekha et al., 2013).

Piper longum			
Taxonomic Position		**Whole plant**	**Part Used (Spike)**
Kingdom:	Plantae		
Division:	Tracheophyta		
Class:	Magnoliopsida		
Order:	Ranunculales		
Family:	Menispermaceae		
Common Name(s):		Magadhi, Kana, Ushana, Pipli, pipar, Tippali, Hippali, pimpli	
Important phytochemicals:		Piperene, piplartine, piperlongumine, piperlonguminine, pipernonaline, iperundecalidine, pipercide, pellitorine, sesamin, brstamide B and guineensine	

A Piper longum é uma trepadeira aromática. As suas folhas são de cor escura e de forma ovada ou oblonga. A planta floresce na estação das chuvas e é monóica. Cresce bem em solo argiloso chuvoso com elevado teor de humidade. Os solos lateríticos ricos em matéria orgânica são bons para o seu cultivo. A planta pippali pode ser propagada através de sementes, rebentos, estacas ou estratificação no início da estação das chuvas. Está tipicamente presente nas florestas tropicais da Índia, Nepal, Indonésia, Malásia, Sri Lanka, Timor e Filipinas. Na Índia, está presente desde os Himalaias centrais até Assam, colinas Khasi e Mikir, colinas baixas de Bengala Ocidental e florestas dos Ghats Ocidentais, Konkan até Kerala e ilhas Nicobar. A planta produz grandes flores em forma de catkin que contêm espigas pretas, que são efetivamente pimenta. Os espinhos são globosos, com aroma e sabor picante. O pipali é utilizado como especiaria e conservante em pickles (Pullela et al., 2006).

O pipali tem um grande número de utilizações. É um dos três principais componentes da composição ayurvédica chamada trikatu. A pimenta longa estimula o apetite e melhora a absorção de nutrientes. Os seus picos contêm piperina, um alcaloide que estimula a enzima de absorção de aminoácidos no trato digestivo. A piperina tem uma afinidade pelo tecido adiposo e interage assim com as membranas celulares, pelo que os investigadores estão a tentar ligá-la a várias moléculas para as ajudar a atravessar a membrana celular (Khajuria et al., 1998). Os seus componentes são absorvidos muito rapidamente através da barreira intestinal, aumentando a permeabilidade da mesma (Johri et al., 1992). A piperina inibe a glucuronidação hepática e intestinal, o que permite que as moléculas fluam para o sangue (Atal et al., 1985). A piperina aumenta a vasodilatação, melhorando assim o fornecimento de oxigénio aos pulmões. Isto dá ao tecido pulmonar uma vitalidade extra para lutar contra a tosse e a constipação, as febres, a asma, a bronquite, a laringite e a pneumonia (Krishnamurthi, 1969).

É considerado um bom medicamento para tratar a gonorreia, dores menstruais, tuberculose, problemas de sono, infecções do trato respiratório, dores crónicas relacionadas com o intestino e condições artríticas (Mehta et al., 1998). Estudos farmacológicos e clínicos revelaram que a piperina, um composto isolado de *P. longum*, actua como depressor do SNC, antipirético, analgésico, anti-inflamatório (Ratner et al., 1991), antioxidante (Wakade et al., 2008) e possui actividades hepatoprotectoras (Gurumurthy et al., 2012), bem como atividade imunomoduladora e antitumoral (Courageot et al., 2000).

A atividade antitumoral *in vivo* da piplartina e da piperina, amidas alcalóides derivadas da Piper, foi avaliada quanto à sua atividade antitumoral em ratos albinos suíços transplantados com Sarcoma 180, e ambos os compostos mostraram inibição da taxa de proliferação do tumor (Bezerra et al., 2006)

O extrato metanólico de *P. longum* reduz eficazmente os sintomas induzidos pelo isoproterenol, como a degeneração gordurosa, a desintegração granular e a necrose hialina das fibras musculares, a dilatação capilar com hemorragia e o edema extenso nas fibras musculares, observados durante a avaliação histopatológica. Esta constatação sugere que o extrato metanólico tem um papel mioprotector durante o enfarte do miocárdio (Chauhan et al., 2010). O piperaldeído isolado de *P. longum* apresenta uma atividade significativa de eliminação de DPPH que protege o miocárdio dos efeitos nocivos da peroxidação lipídica e mantém os níveis de glutatião normais (Mishra et al., 2010).

Também pode ser utilizada para reduzir a incidência da doença de Alzheimer. Uma combinação com outras ervas chinesas, os compostos piperlonguminina e dihidropiperlonguminina de pippali, controla consideravelmente a expressão da proteína precursora amiloide (APP). A redução da expressão desta proteína precursora amelóide pode ajudar os doentes de Alzheimer durante as fases iniciais da doença (Jeon et al., 2011).

O ácido vanilmandélico (VMA), o ácido 5-hidroxiindolacético (5-HIAA) e o ácido ascórbico, quando selecionados como marcadores não invasivos de stress, em que durante o stress as quantidades de VMA e 5-HIAA aumentam e a quantidade de ácido ascórbico diminui, os níveis dos referidos químicos foram normalizados pelo extrato aquoso de *P. longum*, o que indica que este pode ser útil na perda de memória induzida pelo stress. O seu extrato etanólico revelou-se eficaz contra o veneno da víbora de Russell. Quando o extrato etanólico dos seus frutos foi administrado em diferentes modelos, como ovos de galinha embrionados, ratinhos e ratos, inibiu a letalidade induzida, a hemorragia, a necrose e a desfibrinogenação. O pipereno é o composto presente no pippali, responsável pela neutralização eficaz do veneno de cobra (Shenoy et al., 2013). Em ratos diabéticos induzidos por estreptozotocina (STZ), o extrato aquoso da raiz de *Piper longum* exibiu um efeito anti-hiperglicémico e anti-hiperlipidémico, podendo assim ser utilizado como medicamento antidiabético (Nabi et al., 2013).

Foram preparados extractos de Piper em metanol, acetato de etilo, clorofórmio, hexano e éter de petróleo, que foram testados contra bactérias gram positivas e gram negativas. A atividade antimicrobiana depende muito do solvente de extração. Embora o meio de extração geral seja a água, o extrato de acetato de etilo é altamente eficaz contra micróbios gram positivos e gram negativos (Singh et al., 2013).

Semecarpus anacardium			
Taxonomic Position		**Whole plant**	**Part Used (Nut)**
Kingdom:	Plantae		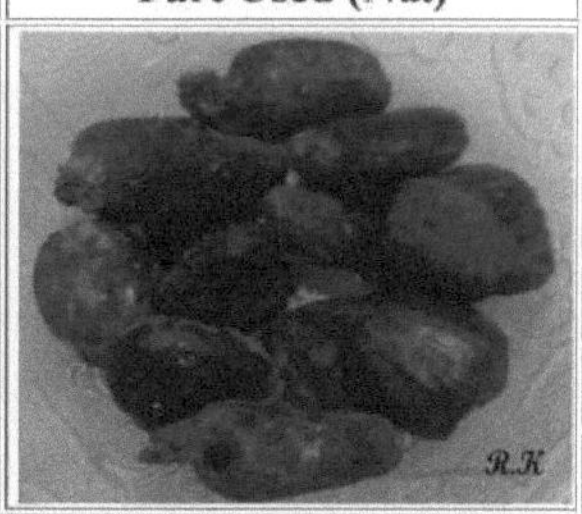
Division:	Magnoliophyta		
Class:	Magnoliopsida		
Subclass:	Rosideae		
Order:	Sapindales		
Family:	Anacardiaceae		
Common Name(s):		Bhilwa, Billar, Bhelwa, Bhilawa	
Important phytochemicals:		Anacardic acid, cardol, catechol, anacardol, semicarpol, bhilawanol,	

A Semecarpus anacardium é uma árvore de folha caduca, vulgarmente conhecida como Bhilawa. É originária da Índia e distribui-se na região sub-himalaia, nas zonas tropicais e centrais da Índia. Possui folhas grandes (60 cm de comprimento e 30 cm de largura) e simples. As flores são mais ou menos de cor amarelo-esverdeada baça. É parente próximo do cajueiro. O fruto é semelhante a uma noz (vulgarmente conhecida como "noz de marcação"), tem cerca de 25 mm de comprimento, é ovoide e de cor preta lustrosa e lisa. As sementes são conhecidas como godambi. Na Ayurveda, o fruto é considerado um rasayanana para a longevidade e o rejuvenescimento. Os frutos são acre, amargos, adstringentes, digestivos, carminativos, purgativos, tónicos para o fígado, expectorantes, estomacais, laxantes, tónicos e oleaginosos. Os componentes mais significativos incluem bhilwanóis, compostos fenólicos, 4, 5-biflavonóides, 6-esteróis e glicosídeos (Rao et al., 1973; Ishatulla et al., 1977; Semalty et al., 2010).

Várias partes destas plantas (tais como o fruto, a goma e o óleo) são habitualmente utilizadas no sistema de medicina ayurvédica para o tratamento de várias doenças, principalmente relacionadas com o aparelho digestivo e condições dermatológicas. Os relatórios revelaram um impacto notável nas doenças relacionadas com o coração, a pressão sanguínea, a respiração, o cancro, as perturbações neurológicas, etc. Vários medicamentos foram derivados de plantas *de S. anacardium*, que estão disponíveis no mercado contra várias doenças da pele, tumores, crescimento maligno, doenças fúngicas, menstruação excessiva, corrimento vaginal, febre, hemoptise, obstipação e parasitas intestinais (Chopra, 1982). Foram relatadas actividades anti-inflamatórias, anti-artríticas, antioxidantes, hipolipidémicas, hipoglicémicas, antiaterogénicas, anti-inflamatórias, anti-fertilidade e neuro-protectoras dos extractos de nozes de *S. anacardium* em diferentes solventes em animais de laboratório e linhas celulares (Smit et al., 1995; Premalatha e Sachdanandam, 2000; Arathi e Sachdanandam, 2003; Chakraborty et al., 2004; Veena et al., 2006; Mathivadhani et al., 2007 A).

Os frutos, o seu óleo e as sementes têm um grande valor medicinal. As suas preparações são utilizadas tanto a nível interno como externo para tratar uma vasta gama de doenças. Para aplicações externas, o óleo, misturado com óleo de coco ou de sésamo, é aplicado em feridas e chagas para evitar a formação de pus. Cura os pés gretados, quando misturado com *Shorea robusta.* O óleo é benéfico no tratamento da artrite reumatoide. O óleo de amêndoa é utilizado externamente em gota, leucoderma, psoríase e lepra, asma, nevralgia, ciática, gota, hemiplegia e epilepsia. A aplicação tópica em articulações inchadas e feridas traumáticas controla eficazmente a dor.

Na Ayurveda, é utilizada para doenças de pele, tumores, crescimentos malignos, febres, hemoptise, menstruação excessiva, corrimento vaginal, lactação deficiente, obstipações e parasitas intestinais. O seu extrato de noz demonstrou ter um efeito inibidor na linha celular de cancro da mama humano (T47D). A inibição do crescimento das linhas celulares é acompanhada de alterações a nível molecular como a diminuição de Bcl-2 e o aumento de Bax, citocromo c, caspases e clivagem PARP e fragmentação do ADN (Mathivadhani et al., 2007 B). As suas fracções de hexano e clorofórmio foram activas contra as linhas celulares de cancro da mama MCF-7 [recetor de estrogénio (ER) - positivo] e MDA 231 (ER-negativo) evidenciadas por ensaios de viabilidade e apoptose (Koduru et al., 2009). O tratamento com o seu leite de noz demonstrou restaurar o metabolismo energético em ratos leucémicos. A sua administração a animais leucémicos leva à eliminação das células leucémicas da medula óssea e dos órgãos internos (Sugapriya et al., 2008). O Anacardium forte, uma preparação ayuvédica, tem um efeito anticancerígeno contra uma vasta gama de cancros em estudos clínicos e em animais. Além disso, uma vasta gama de doses foi considerada segura para administração, mesmo com uma duração prolongada. A preparação está a ter resultados satisfatórios no caso de cancros do esófago, do fígado, da bexiga urinária e de leucemia, em que a preparação demonstrou uma inibição selectiva das células cancerosas, deixando as células normais inalteradas (Vad et al., 1973). Os extractos alcoólico e oleoso de frutos secos têm atividade antimicrobiana contra bactérias Gram-positivas e Gram-negativas (Nair et al., 1996). As fracções do éter de petróleo e do extrato aquoso mostraram atividade inibidora contra *Staphylococcus aureus* e *Shigella flexneri* a uma concentração de 100 mg/ml. O extrato de clorofórmio mostrou inibição contra *Bacillus licheniformis*, *Vibrio cholerae* e *Pseudomonas aeruginosa*, e o extrato de etanol mostrou inibição contra *P. aeruginosa* e *S. Aureus* (Mohanta et al., 2007). Foi demonstrado que tem um efeito neuroprotector na região do hipocampo na neuro-degeneração induzida pelo stress, como na doença de Alzheimer.

Tinospora cordifolia			
Taxonomic Position		**Whole plant**	**Part Used** (Stem)
Kingdom:	Plantae		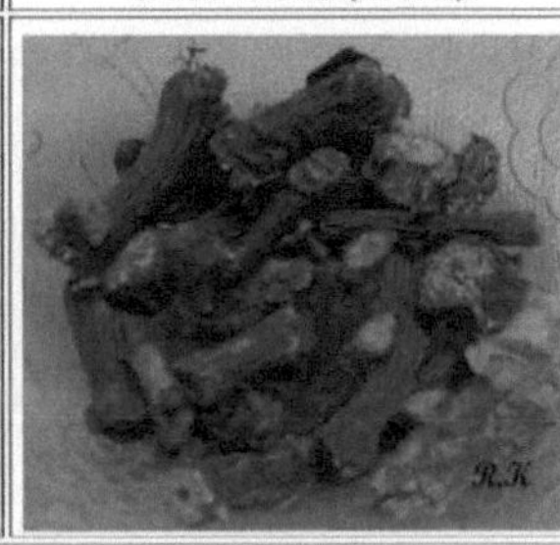
Division:	Magnoliophyta		
Class:	Magnoliopsida		
Order:	Ranunculales		
Family:	Menispermaceae		
Common Name(s):		Giloy, Guduchi, Heart-leaved Moonseed	
Important phytochemicals:		Diterpene, tinosporone, tinosporic acid, cordifolisides A to E, syringen, berberine, giloin, gilenin, and, arabinogalactan polysaccharide, picrotene, bergenin, gilosterol, tinosporol, tinosporidine, sitosterol, cordifol, heptacosanol, octacosonal, tinosporide, columbin, chasmanthin, palmarin, palmatosides C and F, amritosides, cordioside.	

A Tinospora cordifolia, vulgarmente conhecida como "Giloy", é um arbusto trepador glabro que se encontra em toda a Índia, crescendo tipicamente em florestas decíduas e secas. Possui um caule suculento e uma casca de papel de cor branca cremosa a cinzenta. O arbusto produz raízes aéreas longas e delgadas e é frequentemente cultivado em mangueiras ou árvores de neem, que podem atingir 30 metros de comprimento. As folhas têm 5-10 cm, são arredondadas/ cordadas ou em forma de coração (daí a espécie *cordifolia),* membranosas, com 7 a 9 nervuras, com um pecíolo de 2,5 a 7,0 cm. As folhas são ricas em proteínas (11,2%), cálcio e fósforo (Khosa e Prasad, 1971; Zhao et al., 1991). As flores são racemosas e florescem no verão. As flores masculinas são pequenas, de cor amarela ou verde, e ocorrem em cachos nas axilas de pequenas brácteas subuladas. As sépalas são 6, 3 externas muito pequenas, ovado-oblongas, agudas, as 3 internas maiores, membranosas, amplamente elípticas, côncavas, amarelas. A floração ocorre durante o verão e os frutos durante o inverno (Kirtikar e Basu, 1975). Os frutos são drupas, tornando-se vermelhos quando maduros.

A T. cordifolia na medicina ayurvédica tradicional é conhecida por fortalecer o sistema imunitário e a defesa do corpo contra agentes patogénicos (Tirtha, 2005; Khare, 2007). É utilizada como imunoestimulante, antioxidante, anticancerígena e antidiabética (Onkar et al., 2012). A literatura ayurvédica cita o caule da *T. cordifolia* como constituinte de várias preparações compostas, utilizadas na debilidade geral, dispepsia, febre e doenças urinárias. O caule é amargo, estomacal, diurético (Nayampalli et al., 1988), estimula a secreção biliar, causa obstipação, previne o vómito, é diurético, enriquece o sangue, cura a iterícia e é útil em doenças de pele (Aiyer e Kolammal, 1963; Raghunathan e Mittra, 1982). O seu sumo é útil na diabetes (Mathew e Kuttan, 1997; Prince e Menon, 1999), no corrimento vaginal e uretral, na febre baixa e no aumento do baço. É utilizado para o tratamento de febre, iterícia, diarreia crónica, cancro, disenteria, fratura óssea, dor, asma, doenças de pele, insectos venenosos, picadas de cobra, doenças oculares, etc.

A raiz e o caule de *T. cordifolia* são prescritos em combinação com outros medicamentos como antídoto para picadas de cobra e picadas de escorpião (Zhao et al., 1991). A casca seca tem propriedades anti-espasmódicas, antipiréticas (Ikram et al., 1987), anti-alérgicas (Nayampalli et al., 1986), anti-inflamatórias (Rai e Gupta, 1966; Pendse et al., 1977) e anti-lepróticas (Asthana et al., 2001).

Quando os seus extractos metanólico, aquoso e de cloreto de metileno são aplicados a células HeLa, resulta numa morte celular dependente da dose (Jagetiaa et al., 1998). O composto NII-70, isolado da *T. cordifolia*, ativa os macrófagos e induz a produção de IL-12 e TNF alfa e de óxido nítrico, que actuam como terapêutica durante a leishmaniose e a implantação de tumores em animais de laboratório (Upadhyaya et al., 1999). A sua ação hepatoprotectora foi relatada em cabras onde a hepatopatia foi induzida por CCl_4 . Também o seu extrato exibiu inativação do antigénio de superfície da Hepatite B e E *in vitro* (Mehrotra et al., 2000). O seu extrato aquoso apresenta uma redução do açúcar no sangue em animais experimentais hiperglicémicos, sem qualquer evidência de regeneração das células beta do pâncreas, o que sugere a sua ação através da alteração do metabolismo da glicose (Raghunathan et al., 1969). O extrato aquoso das raízes de *T. cordifolia* também tem um efeito hipolipidémico. Apresenta uma redução significativa do colesterol no soro e nos tecidos, dos fosfolípidos e do teor de ácidos gordos livres em ratos (Stanely et al., 1999).

Foi relatado que os extractos *de T. cordifolia* eliminam a toxicidade da aflatoxina e reduzem as substâncias reactivas do ácido tiobarbitúrico (Gupta et al., 2011). A administração oral de extractos de plantas evitou os danos no fígado induzidos pelo nitrato de chumbo (Sharma et al., 2010). Os seus extractos metanólicos têm um potencial efeito microbicida. Verificou-se que são eficazes contra *Escherichia coli, Staphylococcus aureus, Klebsiella pneumoniae, Proteus vulgaris, Salmonella typhi, Shigella flexneri, Salmonella paratyphi, Salmonella typhimurium, Pseudomonas aeruginosa, Enterobacter aerogene* e *Serratia marcesenses* (Narayanan et al., 2011). O aumento da atividade fagocítica das células polimorfonucleares pelo extrato hidroetanólico é observado na mastite subclínica bovina (Mukherjee et al., 2010).

A atividade imunomoduladora da *T. cordifolia* está bem documentada (Subramanian et al., 2002). O efeito imunomodulador é atribuído a compostos que incluem 11-hidroximustakona, N-metil-2-pirrolidona, N-formilanonaína, cordifoliosídeo A, magnoflorina, tinocordisídeo e siringina (Sharma et al., 2012). Aumentam a produção de óxido nítrico (NO) por estimulação dos esplenócitos e dos macrófagos, reforçam a atividade fagocitária dos macrófagos e induzem a produção de espécies reactivas de oxigénio (ROS) nas células neutrófilas humanas. O seu extrato aquoso regula positivamente a citocina IL-6, resultando em reacções agudas a lesões, inflamação, ativação de células T citotóxicas e diferenciação de células B (Sudhakaran et al., 2006).

Capítulo 3

Rastreio fitoquímico

Material vegetal: O material vegetal utilizado para o estudo é a casca, as sementes, as folhas, os frutos e a goma. A amostra de 17 espécies diferentes de plantas isentas de doenças foi recolhida no ano de 2015 em diferentes locais, bem como de vendedores de medicina tradicional *(Pansari)* do mercado local de Bhopal, Madhya Pradesh, Índia.

Tabela 3.1: Plantas etnomedicinais e suas partes utilizadas.

S. No.	Plants		Part used
	Botanical Name	**Common Name**	
1.	*Achyranthes aspera*	Chirchiri	Seeds
2.	*Andrographis paniculata*	Kalmegha	Leaves and roots
3.	*Bacopa monnieri*	Bharmi	Dried leaves
4.	*Butea monosperma*	Kamerkash	Gum
5.	*Chlorophytum borivilianum*	Musli	Root
6.	*Cochlospermum religiosum*	Cotton tree	Bark
7.	*Dioscorea hispida*	Baichandi	Rhizome
8.	*Glycyrrhiza glabra*	Mulethi	Root
9.	*Hedychium spicatum*	Kapur kachri	Rhizome
10.	*Justicia adhatoda*	Adusa	Leaves
11.	*Mesua ferrea*	Nagkeser	Stamens
12.	*Myrica nagi*	Kaphal	Bark
13.	*Myristica fragrans*	Nutmeg	Seed
14.	*Nardosatachys jatamansi*	Jatamansi	Roots
15.	*Piper longum*	Pippali	Spike
16.	*Semecarpus anacardium*	Bhilawa	Nut
17.	*Tinospora cordifolia*	Giloy	Stem

Extração: As amostras foram lavadas 2-3 vezes com água bidestilada e os materiais foram secos ao ar à sombra. O extrato bruto do material vegetal seco foi preparado triturando-o com um almofariz e um pilão. Dois gramas do material vegetal triturado foram pesados com uma balança eletrónica e aquecidos em água esterilizada a 50°C durante 60 minutos. O material foi filtrado com papel de filtro Whatman n.º 1. O filtrado foi centrifugado a 2500 *g* durante 30 min e utilizado para o estudo.

Rastreio fitoquímico: Existem vários métodos disponíveis para o rastreio fitoquímico qualitativo preliminar. As seguintes metodologias foram utilizadas na presente investigação para vários bioquímicos:

Deteção da presença de esteróides:

1. Teste de Liebermann-Burchard: O extrato bruto foi misturado com 2 ml de clorofórmio e 10 gotas de ácido acético. Adicionou-se H_2 SO_4 concentrado nas paredes do tubo e misturou-se. A mudança da cor vermelha de azul para verde indica a presença de esteróides.
2. Teste do anidrido acético: 2 ml de anidrido acético foram adicionados a 0,5 ml de extrato bruto da amostra de planta com 2 ml de H_2 SO_4 . A mudança na coloração de violeta para azul ou verde nas amostras indica a presença de esteróides.
3. Ao extrato, foram adicionados H_2 SO_4 concentrado e ácido acético (2 ml de cada). O aparecimento de uma coloração esverdeada indicou a presença de esteróides (Yadav et al., 2011).
4. Em 10 ml de clorofórmio, adiciona-se 1 ml de extrato e 10 ml de ácido sulfúrico concentrado ao lado do tubo de ensaio. A presença de esteróides é indicada pela camada vermelha superior e pela camada verde-amarela fluorescente de ácido sulfúrico (Gibbs, 1974).

Deteção da presença de terpenóides:

1. Teste de Salkowski: adicionam-se 2 ml de clorofórmio a 5 ml do extrato bruto. Na parede do tubo de ensaio, adicionam-se algumas gotas de H2SO4 concentrado. A presença de terpenóides é indicada pela formação de um precipitado castanho-avermelhado na interface (Ajayi et al., 2011). O aparecimento de cor castanha avermelhada no mesmo teste na camada inferior indica a presença de esteróides e a formação de cor amarela na camada inferior indica a presença de triterpenóides.
2. Ao extrato, é adicionado um volume igual de anidrido acético e H concentrado$_2$ SO_4 . A

presença de terpenóides é indicada pela formação de um anel verde azulado (Ayoola et al., 2008).

Deteção da presença de taninos:

1. O extrato etanólico é tratado com algumas gotas de solução de acetato de chumbo a 1%. O aparecimento de um precipitado amarelo ou vermelho indica a presença de tanino. O extrato aquoso produz um precipitado branco volumoso com uma solução de acetato de chumbo (Tamilselvi et al., 2012).
2. Os taninos são determinados pelo método de Folin e Ciocalteu. Adiciona-se 0,1 ml do extrato da amostra a 7,5 ml de água destilada, 0,5 ml de reagente de Folin Fenol e 1 ml de solução de carbonato de sódio a 35%, diluindo-se depois para 10 ml com água destilada. A mistura foi bem agitada, mantida à temperatura ambiente durante 30 minutos e a absorvância é medida a 725 nm para quantificação do tanino. Prepara-se um branco com água em vez da amostra e utilizam-se soluções-padrão de ácido gálico como referência.
3. O extrato etanólico é misturado com 2 ml de solução de $FeCl_3$. A formação de um precipitado azul ou preto indica a presença de tanino (Jaradat, et al., 2015).

Deteção da presença de saponinas:

1. Numa proveta graduada, misturam-se 5 ml de extrato com 2 ml de água destilada e agitam-se durante 15 minutos. A formação de espuma é indicativa da presença de saponinas (Kumar et al., 2009).
2. A formação de espuma em favo de mel é observada após a adição do extrato etanólico ao bicarbonato de sódio.

Deteção da presença de antocianinas:

1. A 2 ml de extrato aquoso, adicionam-se 2 ml de ácido clorídrico 2N e amoníaco. O aparecimento de uma coloração vermelho-rosa transformada em azul-violeta indica a presença de antocianinas (Packirisamy et al., 2014).
2. A 2 ml de extrato aquoso, adicionam-se 2 ml de cloreto de amónio 2N e amoníaco. A coloração rosa-avermelhada muda para azul-violeta, indicando a presença de antocianinas (Narasinga et al., 2014).

Deteção da presença de leucoantocianinas:

1. Ao extrato aquoso é adicionado um volume igual de álcool isoamílico. A presença de leucoantocianinas é indicada pela camada vermelha superior (Godghate et al., 2013)

Deteção da presença de cumarinas:

1. Coloca-se o extrato metanólico da planta num tubo de ensaio. A boca do tubo de ensaio é selada com papel de filtro humedecido com NaOH 1N. Coloca-se o tubo de ensaio num banho de água a ferver durante alguns minutos e retira-se o papel de filtro. O papel de filtro é observado sob luz UV e a presença de cumarina é confirmada por fluorescência amarela (Khan et al., 2011).
2. Teste de NaOH: Três ml de hidróxido de sódio a 10% foram adicionados a 2 ml de extrato aquoso, e foi adicionado clorofórmio. A formação de cor amarela indica a presença de cumarinas (Watal et al., 2014).

Deteção da presença de flavonóides:

1. Teste do reagente alcalino: A uma pequena quantidade de extrato, adiciona-se uma solução de NaOH a 10%. A presença de flavonóides é indicada pela formação de uma cor amarela intensa. A adição de ácido provoca a descoloração desta cor amarela.
2. Teste do amoníaco: Foram adicionados cinco ml de solução diluída de amoníaco a uma porção do extrato bruto, seguidos de adição de H_2SO_4 concentrado. A formação de uma coloração amarela no extrato indica a presença de flavonóides. A coloração amarela desaparece após algum tempo.
3. Teste do cloreto férrico: Ao extrato, foram adicionadas algumas gotas de solução neutra de cloreto férrico, formando-se uma cor vermelho-escura que indica a presença de flavonóides.
4. Teste de Shinoda: O extrato é adicionado com uma pequena quantidade de Mg em pó e é adicionado HCl conc. Após a adição de 5 ml de álcool absoluto, o aparecimento de uma cor vermelha carmesim indica a presença de flavonóides.
5. Ensaio com acetato de chumbo: Adicionou-se uma solução de acetato de chumbo a uma pequena quantidade de extrato. A formação de um precipitado amarelo indica a presença de flavonóides. A cor laranja a carmesim indica a presença de flavononas.
6. Teste do cloridrato de zinco: Ao extrato, foi adicionada uma pitada de pó de zinco, seguida da adição de ácido clorídrico concentrado ao longo dos lados dos tubos de ensaio. O aparecimento de cor magenta indica a presença de flavonóides.

Tabela 3.2: Rastreio fitoquímico de bioquímicos (metabolitos secundários) de vários materiais vegetais.

Plants	Phytochemicals (Secondary metabolites)							
	Steroids	Anthocyanins	Leucoanthocyanins	Flavonoids	Tannins	Terpenoids	Saponnins	Coumarins
Achyranthes aspera	+	--	--	+++	--	+	--	--
Andrographis paniculata	+++	+++	--	--	--	--	--	--
Bacopa monnieri	--	--	--	--	--	--	+++	--
Butea monosperma	--	+	+++	+++	--	--	+	+
Chlorophytum borivilianum	--	--	--	--	+	--	+++	--
Cochlospermum religiosum	+++	--	+	--	--	--	+++	+++
Dioscorea hispida	--	--	--	+++	--	--	--	--
Glycyrrhiza glabra	--	--	--	--	+++	--	-	--
Hedychium spicatum	+++	--	+	--	--	--	--	--
Justicia adhatoda	--	--	--	--	--	+++	+	--
Mesua ferrea	+	--	--	--	++	--	+++	--
Myrica nagi	+	--	--	+	--	+	++	--
Myristica fragrans	+++	--	--	++	+	--	+	--
Nardostachys jatamansi	+++	+++	--	--	--	--	+	--
Semecarpus anacardium	--	+++	--	--	--	--	--	--
Piper longum	--	--	--	--	--	--	+	--
Tinospora cordifolia	--	--	+++	--	+++	--	+++	+++

+ Presença de metabolitos secundários indicando "Reação de fraca intensidade".
++ Presença de metabolitos secundários indicando "Reação de intensidade média".
+++ Presença de metabolitos secundários indicando "Reação de intensidade forte".
-- Não detectado; indica a ausência de metabolitos secundários.

Resultados do rastreio fitoquímico de metabolitos secundários (esteróides, antocianinas, leucoantocianinas, flavonóides, taninos, terpenóides, saponinas, cumarinas)**:**

Os resultados do rastreio fitoquímico de bioquímicos (metabolitos secundários) de vários materiais vegetais são apresentados no Quadro 3.2, que revelou que:

i.) Os esteroides estavam presentes em *Achyranthes aspera, Cochlospermum regilgiosum, Hedychium spicatum, Myristica fragrans* e *Nardostachys jatamansi;* no entanto, entre *Mesua ferrea* e *Myrica nagi*, as reacções foram fracas.

ii.) As antocianinas indicaram reacções de forte intensidade em *Andrographis paniculata, Nardostachys jatamansi* e *Semecarpus anacardium*, mas a sua intensidade foi fraca em *Butea monosperma.*

iii.) As leucoantocianinas estavam presentes em *Butea monosperma* e *Tinospora cordifolia* e revelaram uma reação de forte intensidade, enquanto que em *Cochlospermum religiosum* a reação foi fraca.

iv.) Os flavonóides indicaram uma reação de forte intensidade entre *Achyranthes aspera, Butea monosperma* e *Dioscorea hispida*, enquanto *Myristica fragrans* mostrou reacções de intensidade média e *Myrica nagi* mostrou reacções de intensidade fraca.

v.) Os taninos mostraram uma reação de intensidade forte entre *Glycyrrhiza glabra* e *Tinospora cordifolia*, enquanto *Mesua ferrea* mostrou uma reação de intensidade média e *Chlorophytum borilianum* e *Myristica fragrans* mostraram uma reação de intensidade fraca.

vi.) Os terpenóides apresentaram uma reação de intensidade forte apenas na *Justiica adhtoda*, mas *a Myrica nagi* apresentou uma reação de intensidade fraca.

vii.) As saponinas estavam presentes em *Bacopa monnieri, Chlorophytum borilianum, Cochlospermum religiosum, Mesua ferrea* e *Tinospora cordifolia*, enquanto *Myrica nagi* apresentava uma reação de intensidade média e *Butea monosperma, Justicia adhatoda, Myristica fragrans, Nardostachys jatamansi* e *Piper longum* apresentavam uma reação de intensidade fraca.

viii.) As cumarinas apresentaram uma reação de forte intensidade em *Cochlospermum religiosum* e *Tinospora cordifolia*, mas a sua intensidade foi fraca apenas em *Butea monosperma.*

Capítulo 4

Propriedades angiogénicas

A angiogénese é a formação de novos vasos sanguíneos a partir de capilares pré-existentes. A angiogénese é um processo com várias etapas que envolve a degradação da membrana basal, a migração e proliferação de células endoteliais e a diferenciação em vasos sanguíneos maduros. A angiogénese é um processo altamente regulado, impulsionado, regulado e controlado por vários potenciadores e inibidores angiogénicos e resulta de interações complexas entre moléculas reguladoras, como as citocinas e os seus receptores, e efectores, como a matriz extracelular, as integrinas e as proteases. Quando ocorre uma neovascularização suficiente, as concentrações de factores promotores da angiogénese são reduzidas ou a concentração de inibidores aumenta localmente. Como resultado, as células endoteliais tornam-se quiescentes e a formação de mais vasos é dificultada, se já não for necessária. Por conseguinte, a angiogénese requer interações fortemente reguladas de forma espacial e temporal.

É um processo chave de muitas condições fisiológicas e patológicas. Fisiologicamente, é uma força motriz do desenvolvimento de órgãos na ontogenia, é necessária para a ovulação e é um pré-requisito para a cicatrização adequada de feridas. Sendo uma parte essencial dos processos fisiológicos, tanto a angiogénese excessiva como a insuficiente causam condições patológicas.

Angiogénese excessiva: A angiogénese excessiva ou a proliferação anormal de vasos sanguíneos tem estado envolvida em muitas doenças, incluindo a artrite reumatoide, a retinopatia diabética, o tumor sólido, o hemangioma, a psoríase e a degenerescência macular relacionada com a idade. As células doentes produzem quantidades invulgarmente elevadas de factores de angiogénese, nomeadamente o fator de crescimento endotelial vascular (VEGF), o fator de crescimento dos fibroblastos (FGF-2) e o fator de crescimento dos hepatócitos, e a quantidade de inibidores naturais da angiogénese, como a angiostatina, a endostatina e a trombospondina, está diminuída. Várias outras doenças patológicas associadas à angiogénese, como a obesidade e a asma, estão também associadas a uma angiogénese excessiva. Nestas condições, os novos vasos sanguíneos alimentam os tecidos doentes e os tecidos normais são destruídos. Durante a metástase do cancro, as células tumorais escapam para a circulação a partir de vasos sanguíneos recém-formados e alojam-se noutros órgãos. Para tratar estas doenças crónicas, estão a ser desenvolvidas terapias anti-angiogénicas, que visam suprimir o crescimento de novos vasos sanguíneos.

Angiogénese insuficiente: A ausência de angiogénese adequada está envolvida na doença da artéria coronária, na isquemia crítica dos membros na diabetes (Arjan *et al.*, 2007), em feridas crónicas, acidentes vasculares cerebrais e fracturas não unidas, em que os vasos sanguíneos crescem insuficientemente e a circulação sanguínea não se estabelece adequadamente, aumentando o risco de morte dos tecidos. É causada pela produção insuficiente de reguladores do crescimento da angiogénese e/ou por quantidades excessivas de inibidores da angiogénese. A angiogénese terapêutica, que visa estimular a neovascularização com factores de crescimento, está a ser desenvolvida para reverter estas condições.

Embora tenham sido desenvolvidos vários fármacos para a modulação da angiogénese e tenham sido inventadas terapias eficazes com resultados clínicos encorajadores, é necessário descobrir outras abordagens que sejam também mais seguras, eficientes e rentáveis. Desde a evolução da civilização humana, as plantas têm sido a principal fonte de produtos valiosos para alimentação, abrigo e terapias.

A planta contém vários metabolitos secundários como esteróides, antocianinas (glicosídeos flavonóides), leucoantocianinas, taninos, terpenóides, saponinas e cumarinas, etc. A saponina, o tanino, os terpenóides e as antocianinas são os metabolitos secundários que se sabe estarem envolvidos na inibição da angiogénese.

Saponinas: Sabe-se que certas saponinas triterpenóides, como a saponina D da pulsatilla, a Senegina III e a Rg3, têm um efeito antiproliferativo nas células endoteliais da veia umbilical humana (HUVEC) (Arai et al., 2011). Os ginsegosídeos, as saponinas do Ginseng, eliminam a tubulogénese *in vitro* e *in vivo* no ensaio do tampão de matrigel. Também a análise de microarranjos de ADN revelou a modulação de genes associados à remodelação da cromatina, apoptose, dobras proteicas e supressão de tumores após o tratamento com saponinas (Patrick et al., 2011). O convallamaroside, uma saponina esteroidal, extraída da *Convallaria majalis*, demonstrou ter atividade antiangiogénica em ratos induzidos por tumores (Jadwiga *et al.*, 2004).

Tanino: O ácido chebulágico (CA), um tanino benzopirano presente nos frutos da *Terminalia chebula*. O efeito do ácido chebulágico no brotamento endotelial foi estudado em anéis de aorta de rato. Os anéis aórticos tratados com ácido chebulágico não apresentaram brotamento endotelial (Athira et al., 2013). Nas células de controlo, foi observado um nível reduzido de VEGF (com efeito autócrino na célula endotelial e papel na indução do fenótipo angiogénico) quando comparado com as células tratadas com AC. A produção reduzida de VEGF é provavelmente responsável pelo efeito anti-angiogénico da CA.

Terpenóides: Alguns terpenos, como a *torilina*, isolada da *Torilis japonica* e a fumigilina isolada do fungo *Aspergillus fumigates*, foram associados a actividades antiangiogénicas em vários ensaios *in vitro* e *in vivo* (Ribatti et al., 2010). Estes terpenóides regulam negativamente a expressão do VEGF e do fator de crescimento semelhante à insulina, envolvidos na angiogénese. Os terpenóides de *Bletilla striata* foram avaliados em vasos sanguíneos da membrana corioalantóica de galinha (CAM) e em células endoteliais da veia umbilical humana (HUVEC) para atividade antiangiogénica e observou-se que os extractos brutos contendo os terpenóides inibiam a angiogénese da CAM, enquanto a amostra de terpenóides puros foi capaz de limitar a proliferação de HUVEC. Também causou alterações apoptóticas em HUVEC, como o encolhimento das células, a rutura da membrana celular, a quebra do núcleo, a formação de corpos apoptóticos e a degradação do ADN (Liu et al., 2008).

Antocianinas: Estes são os pigmentos amplamente presentes no reino vegetal e oferecem uma cor escarlate a púrpura à parte do corpo da planta. As antocianinas são glicosídeos flavonóides, com propriedades antioxidantes e conhecidas por demonstrar a supressão de tumores através da inibição da ativação dependente de H_2O_2 do Fator de Crescimento Endotelial Vascular (VEGF), um fator crítico da angiogénese tumoral. Vários tipos de flavonóides presentes em diferentes fontes vegetais inibem tanto a produção de VEGF induzida por H_2O_2 como pelo fator de necrose tumoral (TNF). As células cancerosas, que são tipicamente defeituosas na morte celular programada, podem ser induzidas à morte celular por vias dependentes ou independentes da caspase. Após o tratamento das linhas celulares com fracções de extractos de plantas contendo antocianinas, a quantidade de endonuclease G e de fator indutor de apoptose, proteínas-chave associadas à apoptose, aumenta.

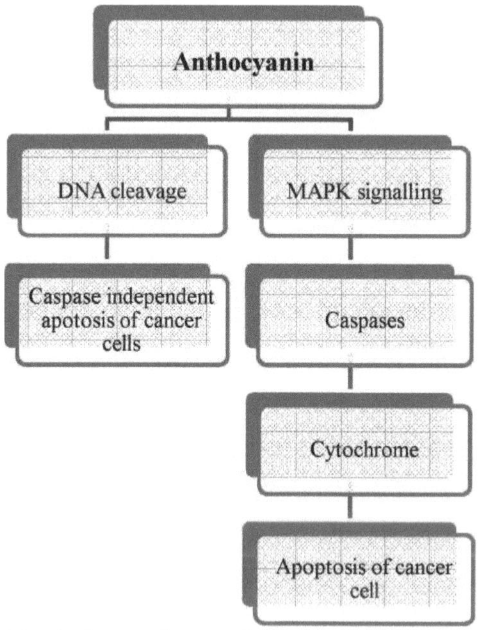

Fig. 4.1: Via de ação das antocianinas nas células cancerosas

Teste de etnomedicamentos selecionados na membrana corioalantóica de ovos de galinha embrionados:

Ensaio da membrana corioalantóica (CAM):

O efeito angiogénico modulador de diferentes etnomedicamentos foi avaliado na membrana corioalantóica (CAM) de ovos de galinha embrionados. Os ovos embrionados com 9-11 dias de idade foram esterilizados à superfície com etanol a 70%. Estes foram testados para determinar a viabilidade dos ovos. Os ovos que continham embriões férteis, saudáveis e altamente móveis foram selecionados para o estudo e os ovos embrionados mortos e pouco móveis foram eliminados. Para cada medicamento, foi criado um grupo de 10 ovos, devidamente etiquetados. Foi feita uma pequena janela de 1,0 cm^2 na casca do ovo. Um disco de papel Whatman estéril, impregnado com 0,2 ml de extrato aquoso, antibióticos (ampicilina 50 µg/ml, estreptomicina 10 µg/ml) e solução antimicótica (anfotericina 10 µg/ml) foi colocado sobre a superfície da CAM.

Para fazer o extrato aquoso, as amostras de plantas foram lavadas cuidadosamente três vezes com água bidestilada e os materiais foram secos ao ar à sombra. Após a secagem completa, os materiais vegetais foram triturados num misturador e o pó foi guardado num pequeno saco de plástico com uma etiqueta. Dois gramas do material vegetal triturado foram pesados com uma balança eletrónica e aquecidos em 10 ml de água esterilizada a 50°C durante 60 minutos. O material foi filtrado com papel de filtro Whatman n.º 1. O filtrado foi centrifugado a 2500 g durante 30 min e o sobrenadante foi utilizado para o estudo.

O grupo de controlo foi mantido sem adição de medicamentos e tratado apenas com água contendo solução antibiótica e antifúngica. A janela foi selada com o parafilme e incubada durante 72 horas em câmara húmida a 37°C. Após a incubação, as cascas dos ovos foram abertas e observadas quanto à vascularização. Foram excisados pequenos pedaços de CAM (10 por ovo) e examinados com uma gota de xileno, utilizando um campo microscópico de 50X. O xileno é utilizado para clarificar os vasos.

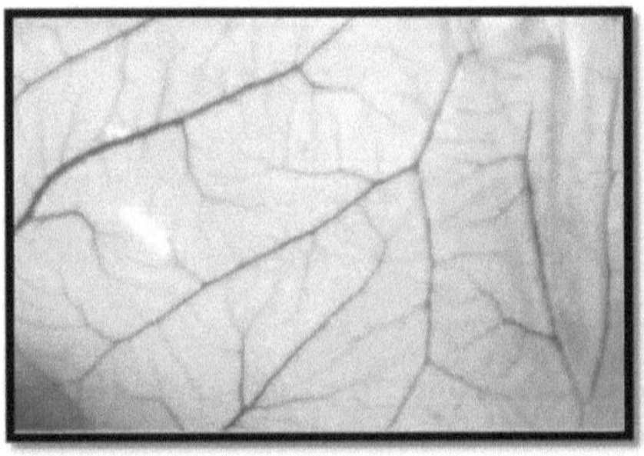

Fig. 4.2: Padrão de vascularização normal na membrana corioalantóica de galinha do ovo embrionado no grupo de controlo

Andrographis paniculata:

A andrographolide é uma das principais lactonas diterpénicas presentes na *Andrographis paniculata.* Os seus efeitos foram estudados num modelo de rato com tumor pulmonar, induzido pelo fator de crescimento endotelial vascular humano (hVEGF). O produto químico reduz a expressão do hVEGF. Em ratos C57BL/6, a administração intraperitoneal de extrato e andrographolide, inibiu a formação capilar induzida pela linha celular de melanoma B16F-10. Os níveis de compostos como TIMP-1 e IL-2, que são anti-angiogénicos, foram elevados nos animais tratados. O extrato de *A. paniculata* inibe a angiogénese tumoral regulando a quantidade de vários factores pró-angiogénicos e anti-angiogénicos como o VEGF, o óxido nítrico, a IL-2 e o TIMP-1 (Kuttan et al., 2007). Conclusivamente, afecta o processo normal de angiogénese através da inibição das vias de sinalização acima referidas (Tung et al., 2013).

Acyranthus aspera:

Valluru et al., 2012, revelaram a propriedade angiogénica do extrato etanólico de folhas de *Achyranthes aspera* no modelo CAM de ovo de galinha embrionado. O extrato etanólico de folhas de *A. Aspera,* que é rico em flavonóides e saponinas, mostrou um aumento da densidade de novos capilares sanguíneos e a formação de microvasos sanguíneos na superfície da membrana tratada, em comparação com o controlo negativo. Estes novos vasos sanguíneos estavam ligados ao disco impregnado com o extrato.

Bacopa monnieri:

O extrato etanólico da planta inteira seca de *Bacopa monnieri* foi estudado para avaliar a propriedade de cicatrização de feridas no modelo de ferida de excisão em ratos. A força de rutura da ferida in vivo, a taxa de contração, o período de epitelização, a histologia da pele e a histologia do tecido conjuntivo profundo foram os parâmetros. O extrato mostrou uma maior taxa de contração, formação de tecido de colagénio na pele e período de epitelização precoce, demonstrando uma melhor cicatrização. A melhoria da cicatrização de feridas é um indicador indireto de neovascularização, o que ajudou ainda mais a alcançar a vasculatura normal na área afetada (Murthy et al., 2013). Após o tratamento com o extrato aquoso de *B. monnieri,* a expressão do gene pró-apoptótico *Bax* foi aumentada e a expressão do gene anti-apoptótico *Bcl-2* foi diminuída, indicando propriedades anticancerígenas da *Bacopa* (Kalyani et al., 2012).

Butea monosperma:

A análise bioquímica revelou a presença de flavonóides e saponinas em *Butea monosperma.* Nos últimos anos, numerosos estudos demonstraram actividades anti-inflamatórias e anti-carcinogénicas exibidas por flavonóides e antocianinas (He et al., 2010; Wang e stoner 2008). O extrato aquoso de flores secas de *B. monosperma* foi testado quanto aos seus efeitos anti-proliferativos, pró-apoptóticos e anti-carcinogénicos em linhas celulares de carcinoma hepatocelular (HCC) por Choedon et al., (2010) em modelo de rato. O extrato mostrou não só a paragem de células de carcinoma hepático na fase G1, mas também desencadeou a morte proapoptótica em cultura de células e impediu a neovascularização no fígado. Demonstra o seu potencial efeito anti-angiogénico contra as células cancerosas.

Por um lado, o extrato aquoso tem uma atividade anti-angiogénica e o extrato metanólico da casca de *Butea monosperma* tem uma propriedade de cicatrização de feridas, que ocorre como resposta a uma lesão dos tecidos. Supõe-se que cicatriza a ferida com a restauração de vasos sanguíneos menores (Sharma et al., 2012). Foi feita uma ferida de excisão e o extrato metanólico foi aplicado localmente. Verificou-se que as feridas tratadas com extrato cicatrizavam muito mais rapidamente, como indicado pelas taxas melhoradas de epitelização e contração da ferida, também confirmadas por exames histopatológicos.

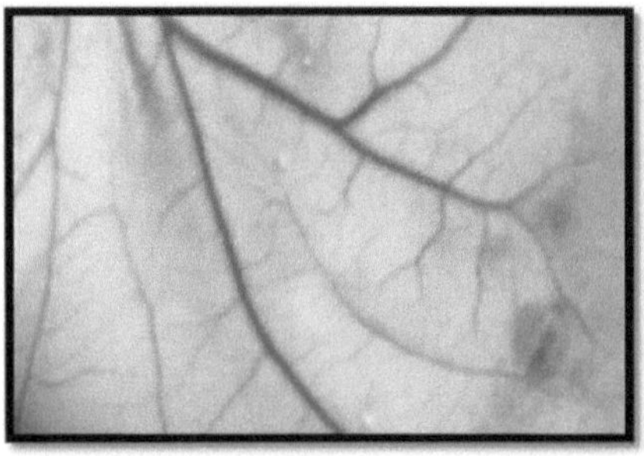

Fig. 4.5: Padrão de vascularização na membrana corioalantóica de galinha do ovo embrionado no grupo tratado com *Butea monosperma*

Dioscorea hispida:

A análise bioquímica revelou a presença de flavonóides, tal como testado pela análise bioquímica. Os flavonóides são compostos polifenólicos amplamente distribuídos no reino vegetal e são conhecidas cerca de 3000 variedades de flavonóides. Vários estudos em animais revelaram numerosas propriedades promotoras da saúde que são atribuídas aos flavonóides. Os principais efeitos incluem anti-inflamatórios, antivirais, anti-alérgicos e anti-cancerígenos. Sabe-se que diferentes flavonóides de diferentes origens botânicas diminuem ou reduzem a angiogénese (Middleton et al., 1994). Por conseguinte, pode considerar-se que os flavonóides presentes no extrato de *Dioscorea hispida* são responsáveis pelo seu efeito anti-angiogénico.

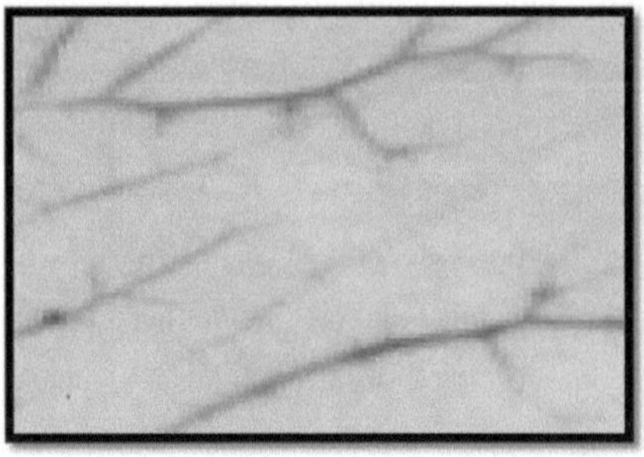

Fig. 4.3: Padrão de vascularização na membrana corioalantóica de galinha do ovo embrionado no grupo tratado com *Dioscorea hispida*

Glycyrrhiza glabra:

Sabe-se que a(s) proteína(s) associada(s) a metástases (MTA1) desempenha(m) um papel importante na angiogénese. O extrato metanólico de *Glycyrrhiza glabra* foi utilizado para determinar a atividade antiangiogénica do extrato na proliferação induzida por MTA1 e na migração celular em células MDA-MB-231 (Nagaraj et al., 2012). O efeito inibidor angiogénico da Fração 6 de *G. glabra* foi confirmado pela sua inibição da angiogénese em ensaios *in vivo*, peritoneal e ensaio de membrana corioalantóica (Sheela et al., 2006). Diferentes fracções do extrato de *G. glabra* foram avaliadas em diferentes concentrações para revelar a propriedade antiangiogénica no embrião de peixe-zebra em desenvolvimento. Os vasos intersegmentares do peixe-zebra foram contados para determinar a extensão da angiogénese. O extrato de acetato de etilo de Glycyrrhiza tem atividade antiangiogénica. A concentração superior a 100 g/ml provoca a morte de todos os embriões de peixe-zebra. Concentrações inferiores a 1 mg/mL não têm efeito, enquanto 10g/ml têm efeito variável (Li et al., 2012).

Fragrância de Myristica:

A análise bioquímica revelou, no caso da *fragrância Myristica*, a presença de esteróides e taninos, tal como testado pela análise fitoquímica. Sabe-se que diferentes esteróides e taninos de diferentes origens botânicas reduzem ou diminuem a angiogénese. Além disso, a formação de espécies reactivas de oxigénio (ROS) é considerada um importante mediador da angiogénese. O peróxido de hidrogénio, uma das ERO endógenas vitais, estimula a angiogénese *in vitro*. Assim, as actividades antioxidantes podem ser correlacionadas com a atividade anti-angiogénica.

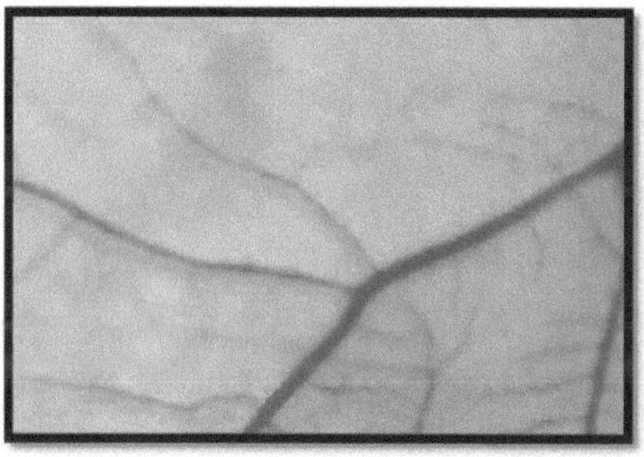

Fig. 4.4: Padrão de vascularização na membrana corioalantóica de galinha do ovo embrionado no grupo tratado com *Myristica fragrans*

A propriedade antioxidante da noz-moscada pode ser verificada através da inibição da oxidação do ácido linoleico. Piaru et al., (2012), realizaram os estudos para avaliar o potencial da noz-moscada como material antiangiogénico. Para o mesmo, aortas torácicas limpas de ratos foram seccionadas em anéis finos de cerca de um milímetro de espessura, foram colocadas no centro de cada poço de uma placa de 48 poços, seguido de tratamento com noz-moscada. O ensaio do anel aórtico de rato baseia-se na capacidade da parede da aorta de produzir novos vasos sanguíneos em géis de biomatriz após ferida mecânica ou estimulação de fator angiogénico e a noz-moscada mostrou actividades anti-angiogénicas estatisticamente significativas ($p<0,001$). Os mesmos resultados foram obtidos por Rawia et al., 2011, que testaram diferentes concentrações de noz-moscada no ensaio da aorta de rato e certas concentrações foram consideradas anti-angiogénicas sem mostrar qualquer citotoxicidade.

***Nardostachys jatamansi*:**

O óleo volátil isolado da raiz e dos rizomas de *Nardostachys jatamansi* induz a rápida ativação da libertação de NO, que actua como fator antiangiogénico (Tsim et al., 2015).

***Semecarpus anacardium*:**

O extrato de noz *de Semecarpus anacardium* (SA) foi considerado útil contra o carcinoma mamário induzido por 7, 12-dimetilbenz-(a)-antraceno (DMBA). Foi observada uma redução da vascularização após o tratamento com o extrato. A inibição do fator 1-alfa induzido pela hipóxia (HIF-1), do fator de crescimento endotelial vascular (VEGF) e da óxido nítrico sintase induzível pelo extrato pode explicar parcialmente a atividade antiangiogénica do extrato *de S. anacardium* (Mathivadhani et al., 2007 C). O extrato foi capaz de suprimir a angiogénese induzida pelo VEGF *in vivo* na membrana corioalantóica, na córnea do rato e a angiogénese induzida pelo tumor no peritoneu de ratinhos portadores de células tumorais de Ehrlich Ascites (Lingaraju et al., 2008).

***Tinospora cordifolia*:**

O octacosanol, um componente ativo isolado da planta *Tinospora cordifolia*, demonstrou inibição da neovascularização em ensaios de angiogénese *in vivo* da membrana corioalantóica de pinto e da córnea de rato. Inibiu a secreção do fator de crescimento endotelial vascular no líquido ascítico. Inibe igualmente a atividade das metaloproteinases matriciais (MMP) e inibe a proliferação das células endoteliais (Thippeswamy et al., 2008). A sua atividade antiangiogénica *in vivo* foi determinada utilizando células de melanoma B16F10. A formação de capilares dirigida às células de melanoma foi significativamente inibida pela administração intraperitoneal do extrato a uma dose de 20 mg/kg. A propriedade anti-angiogénica é também evidenciada pelo aumento do nível sérico de IL-2 e do inibidor tecidular da metaloprotease-1 (TIMP-1). No ensaio do anel aórtico, o crescimento de microvasos também foi inibido após o tratamento com o extrato de *T. cordifolia* (Kuttan et al., 2004).

Cochlospermum regilgiosum, Chlorophytum borivilianum e *Mesua Ferrea* contêm taninos e saponinas com atividade anti-angiogénica, pelo que se pode especular sobre o potencial anti-angiogénico destas plantas. *Myrica nagi* contém flavonóides e saponinas, pelo que também pode ter atividade anti-angiogénica. *Justicia adhatoda* e *Nardostachys jatamansi* contêm uma pequena quantidade de saponina, pelo que podem ser agentes anti-angiogénicos pobres. *O Hedychium spicatum* não contém nenhum destes fitoquímicos que desempenham um papel na modulação da angiogénese, pelo que não se pode suspeitar de um papel importante na modulação da angiogénese. A análise fitoquímica preliminar é um instrumento valioso para prever o potencial medicinal das plantas etnomedicinais.

Capítulo 5

Resumo e conclusões

A z6dia tem uma tradição muito antiga de utilização de plantas medicinais e de ervas para a cura de várias doenças. Desde sempre, as plantas medicinais têm sido uma parte importante da vida em termos de alimentos e medicamentos. Com base nas plantas medicinais, a Índia tem aproximadamente 3 000 anos de património medicinal. As plantas medicinais são largamente utilizadas pelas pessoas diretamente como medicamentos tradicionais ou indiretamente sob a forma de preparações farmacêuticas modernas.

A etnomedicina, por definição, é um estudo ou comparação da medicina tradicional praticada por vários grupos étnicos, e especialmente pelos povos indígenas. Os povos antigos dependiam largamente de remédios à base de plantas para o tratamento de doenças e perturbações. Aproximadamente 80% da população mundial utiliza plantas medicinais, uma vez que constituem a principal fonte de terapias disponíveis, especialmente nos países em desenvolvimento. As utilizações medicinais das plantas foram descritas em vários sistemas medicinais como a Ayurveda, a Homeopatia, a Naturopatia, a Amchi, a Moderna, a Siddha e a Unani.

Cerca de 2500 espécies de plantas estão a ser utilizadas como medicamento em práticas regulares. Os antigos indianos dependiam de preparações brutas de plantas medicinais. Por conseguinte, a avaliação do potencial terapêutico dos etnomedicamentos através de experiências cientificamente concebidas e da sua caraterização completa é o principal objetivo da era moderna.

No presente estudo, 17 plantas etnomedicinais *(Achyranthes aspera, Andrographis paniculata, Bacopa monnieri, Butea monosperma, Chlorophytum borivilianum, Cochlospermum religiosum, Dioscorea hispida, Glycyrrhiza glabra, Hedychium spicatum, Justicia adhatoda, Mesua ferrea, Myrica nagi, Myristica fragrans, Nardostachys jatamansi, Piper longum, Semecarpus anacardium* e *Tinospora cordifolia}*, que são habitualmente utilizadas pelas populações tribais da Índia Central. As plantas medicinais contêm vários fitoquímicos. Os principais fitoquímicos são taninos, terpenóides, esteróides, flavonóides, saponinas, antocianinas, cumarinas, leucoantocianinas, etc.

A angiogénese, a formação de novos vasos sanguíneos a partir de vasos sanguíneos pré-existentes, é um processo vital nos animais vivos e a perturbação do seu padrão normal conduz a várias doenças. Tanto a regulação positiva como a regulação negativa da angiogénese resultam em condições patológicas. A angiogénese excessiva, por um lado, causa cancro, cegueira diabética, degenerescência macular relacionada com a idade, artrite reumatoide, etc., enquanto que, por outro lado, a angiogénese reduzida leva a doenças das artérias coronárias e feridas crónicas. No presente estudo, procedeu-se à análise fitoquímica de 17 etnomedicamentos e à análise angiogénica de quatro etnomedicamentos selecionados, ou seja, *Butea monosperma, Dioscorea hispida, Mesua ferrea* e *Myristica fragrans*. Os resultados da análise fitoquímica de todos os 17 medicamentos são apresentados no capítulo 3 (Quadro 3.2). Exceto *Butea monosperma,* os outros três medicamentos testados *(Dioscorea hispida, Myristica fragrans* e *Mesua ferrea*) tinham atividade anti-angiogénica, tal como evidenciado pela análise da membrana corioalantóica (CAM) de ovos de galinha embrionados. A análise da CAM é um método muito popular para o rastreio preliminar do efeito de diferentes fármacos no padrão de angiogénese e nos parâmetros associados. A facilidade de manuseamento do modelo experimental, a monitorização em tempo real, o custo mais baixo e a necessidade de menos competências técnicas são as vantagens proporcionadas pelo modelo CAM de galinha, tornando-o um modelo experimental ideal para a avaliação da angiogénese. A análise CAM revelou que *a Mesua ferra* apresentou a maior redução da angiogénese, evidenciada por um menor número de pontos de ramificação na vasculatura. Estes resultados indicam que *a Mesua ferra, a Dioscorea hispida* e *a Myristica fragrans* podem ser utilizadas como agentes anticancerígenos, uma vez que a neoangiogénese é um passo muito crucial no processo de progressão do tumor.

O estudo pode ser levado mais longe para avaliar os fitoquímicos individuais de cada planta para determinar se os fitoquímicos individuais ou as combinações de fitoquímicos são responsáveis pela angiogénese ou pela anti-angiogénese. Pode ser formulado um composto ótimo, que pode ser utilizado de acordo com as necessidades de aumento ou diminuição da angiogénese. Ao visar a angiogénese através da etnomedicina, estaremos um passo à frente na exploração de medicamentos à base de fitoquímicos para o tratamento de doenças associadas à angiogénese excessiva. E, de forma semelhante, as formulações à base de fitoquímicos concebidas de forma optimizada podem ser utilizadas para tratar doenças associadas a uma angiogénese reduzida.

Bibliografia

Acharya D, Mitaine-Offer AC, Kaushik N, Miyamoto T, Paululat T, Mirjolet JF, Duchamp O e Lacaille-Dubois MA (2009). Saponinas citotóxicas do tipo espirostano das raízes de *Chlorophytum borivilianum*. J Nat Prod, 72(1):177-181.

Adewale AI, Mirghani MES, Muyibi SA, Daoud JI, Abimbola MM (2011). Estudos de desinfeção do óleo de semente de Nahar *(Mesua ferrea}* utilizando o método da placa de vazamento. Afr J Biotechnol, 10: 18749-18754.

Agarwal AK, Tripathi DM, Sahai R, Gupta N, Saxena RP, Puri A, Singh M, Misra RN, Dubey CB, Saxena KC (1997). Tratamento da giardíase por um medicamento fitoterápico imunomodulador Pippali rasayana. J Ethnopharmacol, 56(3):233-236.

Ahemad R, Venkataraman S, Jayaveera KN, Mohammed FA, Mohammed I, Krishna Y (2009). Efeito do extrato hidroalcoólico da raiz de *Nardostachys Jatamansi* no parkinsonismo induzido por haloperidol em ratos Wistar. Pharmacologyonline, 2: 1145-1154.

Ahmad S, Garg M, Ali M, Singh M, Athar MT, Ansari SH (2009). Uma visão geral fitofarmacológica sobre *Adhatoda zeylanica* Medic Syn *A. vasica* (Linn.) Nees. Nat Prod Rad, 8: 549554.

Airi S, Rawal RS, Dhar U, Purohit AN (2000). Assessment of availability and habitat preference of Jatamansi-A critically endangered medicinal plant of west Himalaya. Curr Sci, 79(10): 1467-1470.

Aiyer KN, Kolammal M (1963). Pharmacognosy of Ayurvedic Drugs, Series 1. 1st ed. Trivendram: Instituto Central de Investigação.

Ajaya Kumar R, Sridevi K, Vijaya Kumar N, Rajagopal S (2004). Compostos anticancerígenos e imunoestimuladores de *Andrographis paniculata*. J Ethnopharmacol, 92(2-3): 291-295.

Ajayi IA, Ajibade O, Oderinde RA (2011). Análise Fitoquímica Preliminar de algumas Sementes de Plantas. Res J Chem Sci, 1(3): 58-62.

Akbar S (2011). *Andrographispaniculata:* uma revisão das actividades farmacológicas e dos efeitos clínicos. Revisão de Medicina Alternativa, 16(1): 66-77.

Alam A, Iabal M, Saleem M, Ahmed SU, Sultana S (2000). *Myrica nagi* attenuates cumene hydroperoxide-induced cutaneous oxidative stress and toxicity in Swiss albino mice. Pharmaco Toxicol, 86: 209.

Arai M, Hayashi A, Sobou M, Ishida S, Kawachi T, Kotoku N, Kobayashi M (2011). Efeito anti-angiogénico das saponinas triterpenoidais de *Polygala senega.* J Nat Med, 65(1): 149156.

Arai M, Tomaru K, Takizaua T, Sekiguchi K, Yokoyama T, Suzuki T, Nagai R (1998). Os genes do retículo sarcoplasmático são seletivamente regulados para baixo na cardiomiopatia produzida pela doxorrubicina em coelhos. J Mol Cell Cardiol, 30(2): 243-254.

Mishra D, Chaturvedi RV, Tripathi SC (1995). O efeito fungitóxico do óleo essencial da erva *N. jatamansi* DC. Trop Agric, 72: 48-52.

Arathi G, Sachdanandam P (2003). Efeito terapêutico do extrato de leite de noz *de Semecarpus anacardium* Linn. no metabolismo dos hidratos de carbono e no ciclo TCA mitocondrial e enzimas da cadeia respiratória em ratos com carcinoma mamário. J Pharm Pharmacol, 55(9): 1283-90.

Arora R, Chawla R, Marwah R, Arora P, Sharma RK, Kaushik V, Goel R, Kaur A, Silambarasan M, Tripathi RP, Bhardwaj JR (2011). Potential of Complementary and Alternative Medicine in Preventive Management of Novel H N_{11} Flu (Swine Flu) Pandemic: Thwarting Potential Disasters in the Bud. Evidence-Based Complementary and Alternative Medicine, 1- 16.

Arora RB, Singh KP, Das PK, Mistry PN (1958). Efeito hipotensor prolongado do óleo essencial de *Nardostachysjatamansi.* Arch Int Pharmacodyn Ther, 113:367-376.

Asl MN, Hosseinzadeh H (2008). Revisão dos efeitos farmacológicos de *Glycyrrhiza* sp. e dos

seus compostos bioactivos. Phytother Res, 22 (6): 709-24.
Assa JR, Widjanarko SB, Kusnadi J, Berhimpon S (2014). Potencial antioxidante de carne, semente e maça de noz-moscada *(Myristica fragrans* Houtt). Int J Chem Tech Res, 6(4):2460-2468.
Asthana JG, Jain S, Mishra A, Vijaykanth MS (2001). Avaliação de combinações de medicamentos antileproticos à base de plantas e da sua combinação com Dapsona. Indian Drugs, 38:82-6.
Atal CK (1980). Química e farmacologia da vasicina: A new oxytocin and abortifacient. Indian Drugs, 15: 15-18.
Athira AP, Helen A, Saja K, Reddanna P, Sudhakaran PR (2013). Inibição da Angiogénese *in vitro* pelo Ácido Chebulagic: Um inibidor duplo de COX-LOX. Int J Vascular Medicine, Artigo ID 843897, 8.
Ayoola GA, Coker HAB, Adesegun SA, Adepoju-Bello AA, Obaweya K, Ezennia EC, Atangbayilla TO (2008). Rastreio fitoquímico e actividades antioxidantes de algumas plantas medicinais selecionadas utilizadas para a terapia da malária no sudoeste da Nigéria. Trop J Pharma Res, 7: 1019-1024.
Badam L (1997). Atividade antiviral *in vitro* da glicirrizina indígena, do alcaçuz e do ácido glicirrízico (Sigma) no vírus da encefalite japonesa. J Commun Dis, 29(2): 91-99.
Bagchi A, Oshima Y, Hikino H (1991). Neoligans e lignanos das raízes de *Nardostachys Jatamansi*. Planta Med, 57: 96-97.
Baker JT, Borris RP, Carte B, Cordell GA, Soejarto DD, Cragg GM, Gupta MP, Iwu MM, Madulid DR, Tyler VE. (1995). Natural product drug discovery and development: New perspective on international collaboration. J Nat Prod, 58: 1325-1357.
Balandrin M.F, Klocke J.A, Wrtele E.S, Boilinger W.H. (1985) Teor e pureza do extrato de solasodina em algumas espécies disponíveis de Solanum. Ciência & Cultura, 56(5): 214-216.
Barnali D (2015). Valores alimentares e medicinais de certas espécies de *Dioscorea* com especial referência a Assam. J Pharmacognosy and Phytochem, 3(4): 15-18.
Bezerra DP, Castro FO, Alves AP, Pessoa C, Moraes MO, Silveira ER, Lima MA, Elmiro FJ, Costa-Lotufo LV (2006). Inibição do crescimento *in vivo* do Sarcoma 180 pela piplartina e piperina, duas amidas alcalóides da *Piper*. Braz J Med Biol Res, 39(6): 801-807.
Bhagat M, Pandita RM, Saxena AK (2013). Atividades biológicas *in vitro* e *in vivo* das raízes de *Nardostachys jatamansi*. Med Aromat Plants, 2: 142. doi: 10.4172/2167-0412.1000142
Bhatnagar LS, Singh VK, Pandey G (1973). Estudos médico-botânicos sobre a flora das florestas de Ghaigaon, Gwalior, Madhya Pradesh. J Res Indian Med, 8: 67-100.
Bhatt ID, Rawal RS, Dhar U (2000). The availability, fruit yield, and harvest of *Myrica esculenta* in Kumaun (West Himalaya), India. Mt Res Dev, 20: 146-153.
Bhide MB, Naik PY, Joshi RS (1977). Estudos sobre a atividade antiasmática de *Mesua ferrea*. Bull Haffkine Inst, 5: 27-30.
Bishit GS, Awasthi AK, Dhole TN (2006). Atividade antimicrobiana de *Hedychium spicatum*. Fitoterpia, 77(3): 240-242.
Bown D (1995). Encyclopaedia of Herbs. The Royal Horticulture Society, Dorling Kindersley Ltd, 14.
Bruhn JG, Holmstedt B (1981). Etnofarmacologia: objectivos, princípios e perspectivas. In: Beal JL, Reinhard E (Eds.), Natural Products as Medicinal Agents. Hippocrates-Verlag, Stuttgart, p. 405-430.
Chahar MK, Sanjaya Kumar DS, Lokesh T, Manohara KP (2012). Atividade antioxidante e imunomoduladora *in vivo* do mesuol isolado do óleo de sementes de *Mesua ferrea* L.. Int Immunopharmacol, 13: 386-391.
Chakrabarty A, Brantner AH (2001). Estudo dos alcalóides de *Adhatoda vasica* Nees sobre a sua atividade anti-inflamatória. Phytother Res, 15: 532-534.

Chakraborthy GS, Aeri V, Verma P, Singh S (2014). Estudos fitoquímicos e antimicrobianos de *Chlorophytum borivilianum*. Farmacóforo, 5 (2): 258-261.
Dar A, Shabana Channa Ali SC (2004). Efeito relaxante do extrato etanólico de *Bacopa monniera* na traqueia, artéria pulmonar e aorta de coelho-da-índia. Phytotherapy Res, 11(4): 323-325.
Chitme H., Chandra R, Kaushik S (2003). Estudos sobre a atividade antidiarreica de Calotropis gigantea R. Br. em animais experimentais. Jornal de Farmácia e Ciências Farmacêuticas, 7: 70-75.
Chakraborthy GS, Aeri V, Verma P, Singh S (2014). Estudos fitoquímicos e antimicrobianos de *Chlorophytum borivilianum*. Farmacóforo, 5(2): 258-261.
Chakraborty S, Roy M, Taraphdar AK, Bhattacharya RK (2004). Efeito citotóxico do extrato de raiz de *Tiliacora racemosa* e do óleo de noz *de Semecarpus anacardium* em células tumorais humanas. Phytother Res, 18(8): 595-600.
Chandler RF (1985). Liquorice, more than just a flavour". Canadian Pharmal J, 118: 420-4.
Channa S, Dar A, Yaqoob M, Anjum S, Sultani Z, Atta-ur-Rahman (1997). Atividade broncovasodilatadora de fracções e constituintes puros isolados da *Bacopa monniera.* J Ethnopharmacol, 86: 27-35.
Chauhan K, Parmar L, Solanki R , Kagathara V, Madat D, Patel T (2010). Efeito de *Piper longum* linn nas alterações histopatológicas e bioquímicas no enfarte do miocárdio induzido por isoproterenol em ratos. Res J Pharmaceutical, Biological and Chemical Sciences, 13: 759-766.
Choedon T, Shukla SK, Kumar V (2010). Propriedades quimiopreventivas e anti-cancerígenas do extrato aquoso de flores de *Butea monosperma.* J Ethnopharmacol, 129(2): 208-213
Chopra RN (1982). Indigenous drugs of India. 2nd ed. Academic Publishers; pp. 407-409.
Cinatl J, Morgenstern B, Bauer G, Chandra P, Rabenau H, Doerr HW (2003). Glycyrrhizin, an active component of liquorice roots, and replication of SARS-associated coronavirus. Lancet, 361: 2045-2046.
Claeson UP, Malmfors T, Wikman G, Bruhn JG (2000). *Adhatoda vasica:* Uma revisão crítica dos dados etnofarmacológicos e toxicológicos. J Ethnopharmacol, 72: 1-20.
Collett H (1902). Flora Simlensis. Bishen Singh Mahendra Pal Singh (reimpressão, 1971). Dehradun
Courageot MP, Frenkiel MP, Dos Santos CD, Deubel V, Despres P (2000). Os inibidores da alfa-glucosidase reduzem a produção do vírus da dengue, afectando os passos iniciais da morfogénese dos viriões no retículo endoplasmático. J Virol, 74: 564-572.
Dassanayake MD (1980). Revised Handbook of the Flora of Ceylon, Vol. I. Oxonian Press Pvt. Ltd, Faridabad. p 105.
De Clercq E (2000). Produtos naturais líderes actuais para a quimioterapia da infeção pelo vírus da imunodeficiência humana (VIH). Med Res Rev, 20(5): 323-349.
De Lange PJ, Scofield RP, Greene TC (2004). *Achyranthes aspera* (Amaranthaceae) uma nova adição indígena à flora do grupo das Ilhas Kermadec. New Zealand J Bot, 42: 167177.
Deore SL e Khadabadi SS (2009). Atividade larvicida das fracções de saponina de *Chlorophytum borivilianum*. J Entomo Nemato, 1(5): 64-66.
Deore SL e Khadabadi SS (2010). Estudos anti-helmínticos *in vitro* de *Chlorophytum borivilianum*. Ind J Nat Prod and Resources, 1: 53-56.
Dhale DA, Chamle DR, Panchal VH (2010). Avaliações dos constituintes fitoquímicos e da atividade antimicrobiana de *Butea monosperma* (Fabaceae). J Phytol, 2: 17-21.
Dhuley JN (1999). Efeito antitússico do extrato de *Adhatoda vasica* na tosse induzida por estimulação mecânica ou química em animais. J Ethnopharmacol, 361-365.
Dixit VP, Agrawal M, Bhargava, S K, Gupta RS, Jain G (1981). lugoslavica Physiologies et Pharmacologics Ata, 17: 151-162.
Dorababu M, Prabha T, Priyambada S, Agrawal VK, Aryya NC, Goel RK (2004). Effect of

Bacopa monniera and *Azadirachta indica* on gastric ulceration and healingin experimental NIDDM rats. Ind J Exp Biol, 42(4): 389-397.
Dorman HJ, Deans SG, Noble RC, Surai P (1995). Avaliação *in vitro* de óleos essenciais de plantas como antioxidantes naturais. J Essential Oil Res, 7: 645-651.
Doroshow JH (1983) Effect of anthracycline antibiotics on oxygen radical formation in rat heart (Efeito dos antibióticos antraciclina na formação de radicais de oxigénio no coração de ratos). Cancer Res, 43: 460-472
Edwards R (2004). Não há remédio à vista para o saque de ervas. New Science, 181: 10-11.
Elangovan V, Govindasamy S, Ramamoorthy N, Balasubramaanian K (1995). Estudos *in vitro* sobre a atividade anticancerígena de *Bacopa monnieri*. Fitoterapia, 66: 211-215.
Ferrara N, Kerbel RS (2005). Angiogenesis as a therapeutic target. Nature, 438: 967-74.
Ferrari P, Sansonnens A, Dick B, Frey FJ (2001). Atividade da 11betaHSD-2 *in vivo*: Variabilidade, sensibilidade ao sal e efeito do alcaçuz. Hypertension 38 (6): 1330-1336.
Folkman J (1971). Angiogénese tumoral: Therapeutic implications. N Engl J Med, 285: 11821186.
Folkman J (1985). Tumor angiogenesis. Adv Cancer Res, 43: 175-203.
Foster S. e Duke J. (2000). A field guide to medicinal plants and herbs of Eastern and central North America, Nova Iorque. Houghton Mifflin Pub.
Garg S, Sharma K, Ranjan R, Attri P (2009). Avaliação da eficácia antioxidante e hepatoprotectora do extrato metanólico das folhas de Mesua *ferrea* linn em ratos experimentalmente desafiados. Inter J PharmTech Res, 1(4): 1692-1696.
Gavimath CC, Sudeep HV e Ganapathy SPS, Rai PS, Ramachandra YL (2009). Avaliação da Atividade de Cicatrização de Feridas de *Butea monosperma* Lam. Extractos em ratos. Pharmacologyonline, 2: 203-216.
George M, Venkatraman PR, Pandalai KM (1947). Investigações sobre substâncias antibióticas vegetais em algumas plantas medicinais indianas. J Sci Ind Res, 6B: 42-46.
Ghani A (2003). Medicinal plant of Bangladesh with chemical constituents and uses, 2nd ed., Asiatic Society of Bangladesh, Dhaka: 71-72.
Gibbs RD (1974). Chemotaxonomy of flowering Plants.McGill Queen's University Press, Montreal e Londres, Vol.I &III
Godghate A, Sawant R (2013). Análise fitoquímica qualitativa do extrato de clorofórmio das folhas de *Adhatoda Vasica* Nees. Rasayan Journal of Chemistry, 6(2): 107-110.
Goel RK, Sairam K, Babu MD, Tavaresb IA, Ramanc A (2003). Avaliação *in vitro* da Bacopa monniera na atividade *anti-Helicobacter pylori* e na acumulação de prostaglandinas. Phytomedicine, 10: 523-527.
Gohil KG, Patel JJ (2010). Uma revisão sobre a *Bacopa monniera:* investigação atual e perspectivas futuras. Int J Green Pharm, 4(1): 1-9.
Gomes A, Das R, Sarkhel S, Mishra R, Mukherjee S, Bhattacharya S, Gomes A (2010). Ervas e constituintes herbais activos contra a picada de cobra. Ind J of Experimental Biol, 48: 865 878.
Gopalakrishnan C, Shankaranarayana D, Nazimudeen SK, Viswanathan S, Kameswaran L (1980). Actividades anti-inflamatórias e dependentes de C.N.S. de xantonas de *Calophyllum inophyllum* e *Mesua ferrea*. Indian J Pharmacol, 12: 181-191.
Gottumukkala VR, Annamalai T, Mukhopadhyay T (2011) Investigação fitoquímica e estudos de crescimento capilar nos rizomas de *Nardostachys jatamansi* DC. Pharmacog Mag, 7: 146150.
Gupta R, Sharma V (2011). Efeitos benéficos do extrato de raiz de *Tinospora cordifolia* nas alterações histopatológicas e bioquímicas induzidas pela aflatoxina-b(1) no rim de ratinhos. Toxicol Int, 18(2): 94-98.
Gupta SS, Seth CB Balachandari GH (1963). Effect of *Nardostachys Jatamansi* and *Rhus succedanea* against histamine and serotonin responses on lung perfusion and tidal air changes.

Ind J Physiol Pharmacol, 18: 158-164.
Gupta V, Krishna CM, Bansal P, Kumar S, Prasad GP, Ravi Krishna DV (2010). Fitoquímica e potencial farmacológico de *Achyranthes aspera*- uma revisão. Revista Internacional de Medicina Ayurvédica, 1(1): 1-11.
Gurdip S, Marimuthu P, De Heluani CS, Catalan C (2005). Potenciais antimicrobianos e antioxidantes do óleo essencial e do extrato de acetona deMyristica *fragrans* Houtt. (Parte Aril). J Food Sci, 70(2): 141-148.
Gurumurthy P, Vijayalatha S, Sumathy A (2012). Efeito hepato-protetor do extrato aquoso de *Piper longum* e piperina quando administrado com fármacos antituberculosos. O Bioscan, 7(4): 661-663.
Hajiaghaee R, Akhondzadeh S (2012). Fitoterapia no tratamento da doença de Alzheimer. J Medicinal Plants, 11(41): 1-7.
Handa SS, Sharma A (1990) Hepatoprotective activity of andrographolide against galactosamine and paracetamol intoxication in rats. Indian J Med Res, 92: 284-292.
Harvey DJ (1975). Exame dos difenilpropanóides da noz-moscada como seus derivados trimetilsilil, trietilsilil e tri-n-propilsililil usando cromatografia gasosa combinada e espetrometria de massa. J Chromatography A, 110(1): 91-102.
He J, Giusti MM (2010). Antocianinas: corantes naturais com propriedades promotoras da saúde.
Annu Rev Food Sci Technol, 1: 163-87.
Helen PA, Vargheese TA, Jeeja Kumari JJ, Abiramy MR, Sajina N, Jaya Sree S (2012). Análise fitoquímica e atividade anticancerígena do óleo essencial de *Myristica fragrans*. Int J Curr Pharmaceutical Review and Res, 2(4): 188-198.
Hema Kumar K, Deshmukh GR, Suresh Reddy PV, Srinivasa Rao B, Valluru L (2012). Investigação preliminar da propriedade angiogénica do extrato etanólico de folhas de *Acyranthus aspera* utilizando o modelo da membrana corioalantóica. Int. J. Drug Dev. & Res, 4 (1): 130-132
Hoeben A, Landuyt B, Highley MS, Wildiers H, Van Oosterom AT, De Bruijn EA (2004).Vascular endothelial growth fator and angiogenesis. Pharmacol Rev, 56(4): 549-580.
Holcomb LA, Dhanasekaran M, Hitt AR, Young KA, Riggs M, Manyam BV (2006). O extrato de *Bacopa monniera* reduz os níveis de amiloide em ratos PSAPP J Alzheimers Dis, 9(3): 243-251.
Hou WC, Chen HJ, Lin YH (2000). As dioscorinas de diferentes espécies *de Dioscorea* exibem todas actividades inibidoras da anidrase carbónica e da tripsina, Botanical Bulletin of Academia Sinica, 41: 191-196.
Howell NK, Saeed S (1999). O efeito dos antioxidantes na produção de produtos de oxidação lipídica e na transferência de radicais livres em sistemas lipídico-proteicos oxidados. In: Tapan K.B., Temple N.J., Manohar, Garg L. (Eds.), Antioxidant in Human Health and Disease, CABI Publishing, New-York.
Ikram M, Khattak SG, Gilani SN (1987). Estudos antipiréticos sobre algumas plantas medicinais indígenas do Paquistão: II. J Ethnopharmacol, 19: 185-92.
Iqbal Z, Lateef M, Jabbar A, Ghayur MN, Gilani AH (2006). Atividade anti-helmíntica *in vivo* de *Butea monosperma* contra nemátodos Trichostrongylid em ovinos. Fitoterapia, 77 (2): 137140.
Ishatulla K, Ansari WH, Rahman W, Okigawa M, Kawanon N (1977). Bioflavanoides de *Semecarpus anacardium* linn. Indian J Chem, 15: 617-622.
Iyengar M A (1991). Estudo da droga bruta (IV Ed) KMG Manipal, pp. 267
Jada SR, Hamzah AS, Lajis NH, Saad MS, Stevens MF, Stanslas J (2006). Semissíntese e actividades citotóxicas de análogos de andrographolide. J Enzyme Inhib Med Chem, 21(2): 145155.

Jadwiga N, Sommer E, Pastewka K, Skopinska-Rozewska E (2004). Atividade anti-angiogénica do convallamaroside, a saponina esteroidal isolada dos rizomas e raízes de *Convallaria majalis* L. Ata Poloniae Pharmaceutica, 61(4): 279-282.
Jagetiaa GC, Nayaka V, Vidyasagar MS (1998). Avaliação da atividade antineoplásica do guduchi (*Tinospora cordifolia*) em células HeLa em cultura. Cancer Lett, 127(1-2): 71-82.
Jain VK, Jain B (2010) Anthihelmintic Activity of ethanolic extract of bark of *Myrica esculenta* (Atividade anti-helmíntica do extrato etanólico da casca de *Myrica esculenta*). J Pharm Sci, 1: 129-131.
Jamuna Bai A, Ravishankar Rai V, Pradeepa VS (2011). Avaliação da atividade antimicrobiana de três plantas medicinais do Sul da Índia. Jornal de Microbiologia da Malásia, 7(1): 14-18.
Jaradat N, Hussen F, Ali AA (2015). Triagem Fitoquímica Preliminar, Estimativa Quantitativa de Flavonóides Totais, Fenóis Totais e Atividade Antioxidante de *Ephedra alata* Decne. J Mater Environ Sci, 6(6):1771-1778.
Jarukamjorn K, Nemoto N (2008). Aspectos farmacológicos da *Andrographis paniculata* na saúde e o seu principal constituinte diterpenóide, o andrographolide. J Health Sci, 54(4): 370-381.
Jeon S, Bose S, Hur J, Jun K, Kim YK, Cho KS, Koo BS. (2011). Uma formulação modificada da medicina tradicional chinesa melhora o comprometimento da memória e reduz o nível de Ap no modelo de rato Tg- APPswe/PS1dE9 da doença de Alzheimer. J Ethnopharmacol, 137(1): 783-789.
Jiang CG, Li JB, Liu FR, Wu T, Yu M, Xu HM (2007). Andrographolide inibe a adesão de células de cancro gástrico a células endoteliais através do bloqueio da expressão de E-selectina. Anticancer Res. 27(4B):2439-2447.
John M. e Snell JC (1996). Atividade da bromexina e do ambroxol, derivados semissintéticos da vasicina do arbusto indiano *Adhatoda vasica* Nees. contra *Mycobacterium tuberculosis in vitro*. J Ethnopharmacol, 50: 49-53.
Johri RK, Thusu N, Khajuria A, Zutshi U (1992). Piperine mediated changes in permeability of rat intestinal epithelial cells. Biochem Pharmacol, 43(7): 1401-1407.
Joshi K, Joshi R, Joshi AR (2011). Conhecimentos indígenas e utilizações de plantas medicinais em Macchegaun, Nepal. Ind J Traditional Knowledge, 10: 281-286.
Joshi S, Chanotiva CS, Agarwal G, Prakash O (2008). Composições de terpenóides e propriedades antioxidantes e antimicrobianas dos óleos essenciais do rizoma de *Hedychium spicatum*. Chem Biodivers, 5(2): 299-309.
Jyoti A, Sharma D (2006). Papel neuroprotector do extrato de *Bacopa monniera* contra o stress oxidativo induzido pelo alumínio no hipocampo do cérebro do rato. Neuro Toxicology, 27(4): 451-457.
Kakrani HK, Nair GV, Dennis TJ, Jagdale MH (1984). Atividade antimicrobiana e anti-helmíntica do óleo essencial de Mesua *ferrea* Linn. Indian Drugs, 21: 261-262.
Kalyani MI, Lingaraju SM, Bharathi P, Salimath BP (2012). Uma proteína pró-apoptótica de 15-kDa de *Bacopa monnieri* ativa a caspase-3 e regula para baixo a expressão do gene Bcl-2 em células de carcinoma mamário de rato. J Nat Med, 67(1): 123-126.
Karthikeyan A, Shanthi V, Nagasathya A (2009). Rastreio fitoquímico e antibacteriano preliminar do extrato bruto da folha de *Adhatoda vasica* (L). Int J Green Pharm, 3: 78-80.
Kaur M, Thakur Y, Rana RC (2005). Propriedades antimicrobianas de Achyranthes aspera. Anc Sci Life, 24(4): 168-173.
Kavishankar GB, Lakshmidevi N, Murthy SM, Prakash HS, Niranjana SR (2011). Diabetes e plantas medicinais - uma revisão. J Pharma Biomedical Sci, 2(3): 65-80.
Kerbel RS (2008). Tumor angiogenesis. N Engl J Med, 358(19): 2039-49.
Khajuria A, Zutshi U, Bedi KL (1998). Permeabilidade intestinal caraterística da piperina, um alcaloide ativo dos pimentos e potenciador da biodisponibilidade. Indian J Exp Biol, 36(1): 46-

49.
Khan AM, Qureshi RA, Ullah F, Gilani SA, Nosheen A, Sahreen S, Laghari MK, Laghari MY, Rehman S, Hussain I, Murad W (2011). Análise fitoquímica de plantas medicinais selecionadas de Margalla Hills e arredores. J Med Plants Res, 5(25): 6017-6023.
Khare CP (2004). Encyclopedia of Indian Medicinal Plants. Nova Iorque: Springer-Verlag; p.233-5.
Khare CP (2007). Indian Medicinal Plants- An illustrated Dictionary, Springer Science and Business Media, 710.
Khosa RL e Prasad S (1971). Estudos farmacognósticos sobre Guduchi *(Tinospora cordifolia* Miers). J Res Ind Med, 6: 261-269.
Kim HJ, Chen F, Wang X, Wang Y, Mc Gregor J, Jiang YM (2008). In: Sabor e benefícios para a saúde dos pequenos frutos. Série de Simpósios da ACS. Sociedade Americana de Química, 239-252.
Kim HS (2005). Não dar demasiado valor aos medicamentos convencionais. Journal of Ethnopharmacology, 100 (1-2): 37-39.
Kirtikar KR, Basu B (1995). Indian Medicinal Plants. Distribuidores Internacionais de Livros: Dehradun, Índia. Vol. 1:274-277.
Kirtikar KR, Basu BD, eds. Indian Medicinal Plants, Vol 1. 2nd ed. New Connaught Place, Dehra Dun: M/S Bishen Singh, Mahendra Pal Singh; 1975
Koduru S, Sowmyalakshmi S, Kumar R, Gomathinayagam R, Rohr J e Damodaran C (2009). Identificação de uma potente molécula à base de plantas para o tratamento do cancro da mama. BMC Cancer, 9: 41 doi: 10.1186/1471-2407-9-41.
Krishnamurthi A, (1969). The Wealth of India Raw Materials. Vol. 8, CSIR, Nova Deli, Índia, p. 96.
Kritikar KR, Basu BD (1981). Indian Medicinal Plants, Vol.1, 2nd ed. International Book Distributors, Dehradun. p 274.
Kumar A, Dora J, Anup Singh A e Rishikant Tripathi R (2012) Uma revisão sobre o rei do amargo (Kalmegh). Int J Res Pharmacy Chem. 2: 1.
Kumar A, Ilavarasan R, Jayachandran T, Decaraman M, Aravindhan P, N Padmanaban, Krishnan MRV (2009). Investigação fitoquímica de uma planta tropical. Pak J Nutri, 8: 8385.
Kumar M, Meena P, Verma S, Kumar M e Kumar A (2010). Potencial antitumoral, antimutagénico e quimiomodulador do *Chlorophytum borivilianum.* Asian Pac J Cancer Prev, 11(2): 327- 334.
Kumari P, Joshi GC, Tewari LM (2011). Diversidade e estado das árvores etno-medicinais do distrito de Almora em Uttarakhand, Índia. Int J Biodvers conserve, 3: 298-326.
Lahiri PK Pradhan SN (1964). Pharmacological investigation of Vasicinol - an alkaloid from *Adhatoda vasica* Nees. Ind J Exp Biol, 2: 219-223.
Lal SD, Yadav BK (1983). Folk medicine of Kurukshetra district (Haryana), India. Econ Bot, 37: 299-305.
Lambertini E, Lampronti I, Penolazzi L, Khan MT, Ather A, Giorgi G, Gambari R, Piva R (2005). A expressão do gene do recetor alfa de estrogénio em células de cancro da mama tratadas com um engodo de fator de transcrição é modulada por extractos de plantas naturais do Bangladesh. Oncol Res, 15(2): 69-79.
Lampidis TJ, Johnson LV, Israel M (1981). Effects of doxorubicin on rat heart cells in culture: increased accumulation and nucleoli fragmentation in cardiac muscle non-muscle cells. J Mol Cell Cardiol 13: 913-924.
Leyon PV, Kuttan G (2004). Efeito da *Tinospora cordifolia* no perfil de citocinas de animais induzidos por angiogénese. Int Immunopharmacol, 4(13): 1569-1575.
Li VW, Kung EF, Li WW (2004). Molecular therapy for wounds: modalities for stimulating angiogenesis and granulation, Manual of Wound Management, 5th Edition, McGraw Hill, 17-

43.
Li WW, Li VW, Casey R (1998). Clinical trials of angiogenesis based therapies: overview and new guiding principles, Angiogenesis: Models, Modulators and Clinical Application, Maragoudakis M. Edition, Plenum Press, New York, 475-492.
Li WW, Talcott KE, Zhai AW, Kruger EA, Li VW (2005). O papel da angiogénese terapêutica na reparação e regeneração dos tecidos. Adv Skin Wound Care, 18: 491-500.
Li YQ (2012). Atividade Antiangiogénica do Extrato de Glycyrrhiza. Procedimentos de Física, 33:144-149
Lingaraju SM, Keshavaiah K, Salimath BP (2008). A inibição da angiogénese *in vivo* por *Anacardium occidentale* L. envolve a repressão da expressão do gene da citocina VEGF. Drug Discov Ther, 2(4): 234-244.
Liu F, Ng TB (2000). Actividades antioxidantes e de eliminação de radicais livres de ervas medicinais selecionadas. Life Sci., 66: 725-735.
Liu MZ, Tang JZ, Zhang JS, Chou Q, Huang YY (2008). A inibição da angiogénese em células endoteliais vasculares por compostos terpenóides de *Bletilla striata* é feita através da via da apoptose. Fen Zi Xi Bao Sheng Wu Xue Bao, 41(5): 383-392.
Londonkar R, Chinnappa Reddy V, Abhay Kumar K (2011). Potencial atividade antibacteriana e antifúngica de *Achyranthes aspera* L. Investigação Recente em Ciência e Tecnologia, 3(4): 53-57.
Mabberley DJ (1997). The plant-book: a portable dictionary of the vascular plants. Cambridge: Cambridge University Press.
Madsen HL, Bertelsen G (1995). As especiarias como antioxidantes. Tendências em Ciência e Tecnologia Alimentar, 271-277.
Maiwulanjiang M, Bi CWC, Lee PSC, Xin G, Miernisha A, Lau KM, Xiong A, Li N, Dong TTX, Aisa HA, Karl W. Tsim KWK (2015). O óleo volátil de Nardostachyos Radix et Rhizoma induz a atividade da óxido nítrico sintase endotelial em células HUVEC. Plos One, DOI: 10.1371/journal.pone.0116761
Manandhar NP (1990). Medicobotany of Borkha District, Nepal - An elucidation of medicinal plants. Int J Crude Drug Res, 28: 17-25.
Martin FW, Cabanillas E (1963). A wild hybrid of sapogenin-bearing *Dioscorea* species, Bulletin of the torrey botanical club, 90(4): 232-237.
Mathew S, Kuttan G (1997). Atividade antioxidante da *Tinospora cordifolia* e sua utilidade na melhoria da toxicidade induzida pela ciclofosfamida. J Exp Clin Cancer Res, 16: 407411.
Mathivadhani P, Shanthi P, Sachdanandam P (2007 A). Efeito do extrato de noz *de Semecarpus anacardium* na ECM e proteases em ratos com carcinoma mamário. Vascul Pharmacol, 46(6): 419-426.
Mathivadhani P, Shanthi P, Sachdanandam P (2007 B). Efeito apoptótico do extrato de noz de Semecarpus anacardium na linha celular de cancro da mama T47D. Cell Biol Int, 31: 1198-206.
Mathivadhani P, Shanthi P, Sachdanandam P (2007 C). Hipóxia e seus alvos a jusante no carcinoma mamário induzido por DMBA: papel protetor do extrato de noz de *Semecarpus anacardium*. Chem Biol Interact, 167: 31-40.
Mazumder R, Dastidar SG, Basu SP, Mazumder A, Singh SK (2004). Potencialidade antibacteriana das flores de Mesua *ferrea* Linn. Phytother Res. 18(10): 824-826.
Mbiantcha M, Kamanyi A, Teponno RB, Tapondjou AL, Watcho P, Nguelefack TB (2011). Propriedades analgésicas e anti-inflamatórias dos extractos dos bolbos de *Dioscorea bulbifera* L. var sativa (Dioscoreaceae) em ratos e ratazanas. Medicina Complementar e Alternativa baseada em evidências, ID G12935:9.
Mehrotra R, Katiyar CK, Gupta AP (2000). Composições hepatoprotectoras e composição para o tratamento de doenças relacionadas com a infeção por hepatite B e E. Patente dos EUA 749296.

Mehta A, Zitzmann, N, Rudd PM (1998). Inibidores da alfaglucosidase como potenciais agentes antivirais de base alargada. FEBS Letters, 430: 17-20.

Menon BR, Rathi MA, Thirumoorthi L, Gopalakrishnan VK (2010). Efeito potencial da *Bacopa monnieri* na lesão hepática induzida por nitrobenzeno em ratos. Indian J Clin Biochem, 25(4): 401-404.

Mimnaugh EG, Trush MA, Gram TE (1983). Enhancement of rat heart microsomal lipid peroxidation following doxorubicin treatment in vivo. Cancer Treat Rep, 67(7-8):731-733.

Misharina TA, Terenina MB, Krikunova NI, (2009). Antioxidant properties of essential oils (Propriedades antioxidantes dos óleos essenciais). J App Biochem Microbiol, 45: 642-647.

Mishra D, Chaturvedi RV, Tripathi SC (1995). O efeito fungitóxico do óleo essencial da erva *Nardostachys jatamansi* D.C. Tropical Agri, 72(1): 48-52

Mishra P (2010). Isolamento, caraterização espectroscópica e modelação computacional dos constituintes químicos do produto natural *Piper longum*. Int J Pharmaceutical Sciences Review Res, 2(2): 78-86.

Misra P, Pal NL, Guru PY, Katiyar JC, Tandon JS (1991). Antimalarial activity of Traditional plants against erythrocytic stages of *Plasmodium berghei*. Int J Pharmacog, 29(1): 19-23.

Mohanta TK, Patra JK, Rath SK, Pal DK, Thatoi HN (2007). Avaliação da atividade antimicrobiana e do rastreio fitoquímico de óleos e frutos secos de *Semecarpus anacardium*. Sci Res Essay, 2(11): 486-490.

Morita T, Jinno K, Kawagishi H, Arimoto Y, Suganuma H, Inakuma T , Sugiyama K (2003). Efeito hepatoprotector da miristicina da noz-moscada (*Myristica fragrans*) na lesão hepática induzida por lipopolissacarídeo/d-galactosamina. J Ag Food Chem, 51 (6):1560-65.

Mukherjee R, De UK, Ram GC (2010). Avaliação da imunidade da glândula mamária e do potencial terapêutico da *Tinospora cordifolia* contra a mastite subclínica bovina. Trop Anim Health Prod, 42(4): 645-651.

Murcia MA, Egea I, Romojaro F, Parras P, Jimenez AM, Martinez-Tome M (2004). Avaliação antioxidante em especiarias de sobremesa em comparação com aditivos alimentares comuns. J. Agric. Food Chem, 52: 1872-1881.

Murthy S, Gautam MK, Goel S, Purohit V, Sharma H, Goel RK (2013). Avaliação da atividade de cicatrização de feridas *in vivo* de *Bacopa monniera* em diferentes modelos de feridas em ratos. BioMed Research International http://dx.doi.org/10.1155/2013/972028

Nabi SA, Kasetti RB, Sirasanagandla S et al. Swapna Sirasanagandla, Tilak TK, Jyothi Kumar MV, Rao CA (2013). Atividade antidiabética e anti-hiperlipidêmica do extrato aquoso da raiz de *Piper longum* em ratos diabéticos induzidos por STZ. BMC Medicina Complementar e Alternativa, 13: 37

Nadkarni KM (1976). Indian Materia Medica. Sangam Books Ltd., Londres. p 1319.

Nagaraj SRM, Lingaraj SM, Balaraju Y, Akhilesh K e Salimath BP (2012). A angiogénese, migração e crescimento tumoral induzidos por MTA1 são inibidos por *Glycyrrhiza glabra*. IOSR J Pharm, 2(4): 34-43.

Nair A e Bhide SV (1996). Propriedades antimicrobianas de diferentes partes de *Semecarpus anacardium*. Indian Drugs 33: 323-328.

Narasimhan S, Govindarajan R, Madhavan V, Thakur M, Dixit VK, Mehrotra S, Madhusudanan KP (2006). Ação da fração (2->1) de frutooligopolissacárido de *Chlorophytum borivilianum* contra o stress oxidativo induzido pela estreptozotocina. Planta Med, 72(15): 1421-1424.

Narasinga Rao V e Kaladhar DSVGK (2014). Análise Bioquímica e Fitoquímica da Planta Medicinal, Kaempferia Galanga Rhizome Extracts. Int J Scientific Res, 3(1).

Narayana KR, Reddy MS, Chaluvadi MR, Krishna DR (2001). Classificação dos bioflavonóides, efeitos farmacológicos, bioquímicos e potencial terapêutico. Ind J Pharmacol, 33: 2-16.

Narayanan AS, Raja SS, Ponmurugan K, Kandekar SC, Natarajaseenivasan K, Maripandi A, Mandeel QA. (2011). Atividade antibacteriana de plantas medicinais selecionadas contra uropatogénios resistentes a múltiplos antibióticos: Um estudo de Kolli Hills, Tamil Nadu, Índia. Benef Microbes, 2(3):235-243.
Nashriyah M, Nur Athiqah MY, Syahril Amin H, Norhayati N, A.W. Muhamad Azhar AW, Khairil M, (2012). Distribuição de tubérculos comestíveis selvagens em Pulau Redang e ilhas próximas de Terengganu, Malásia. Jornal de Ciências Aplicadas Res, 5(12): 911-914.
Nataraj HN, Murthy RLN e Setty RS (2009). Quantificação *in vitro* de flavonóides e conteúdo fenólico de Suran. Int J of Chemtech Res, 1 (4): 1063-1067.
Nayab R, Aingorn H, Fallavollita L, Sallon S, Mechoulam R, Ginsburg I, Vlodavsky I, Brodt P (2004). PADMA-28, uma preparação tradicional tibetana à base de plantas, bloqueia as respostas celulares ao bFGF e ao IGF-I. Inflammopharmacol, 12(4): 373-389.
Nayampalli SS, Ainapure SS, Samant BD, Kudtarkar RG, Desai NK, Gupta KC (1988). Um estudo comparativo dos efeitos diuréticos da *Tinospora cordifolia* e da hidrocloro-tiazida em ratos e um estudo preliminar de fase I em voluntários humanos. J Postgrad Med, 34: 233-236.
Nayampalli SS, Desai NK, Ainapure SS (1986). Propriedades anti-alérgicas da *Tinospora cardifolia* em modelos animais. Indian J Pharm, 18: 250-252.
Nayar MP, Sastry ARK (1988). Red Data Book of Indian Plants; Vol. II; Botanical Survey of India, Calcutá.
Omar HR, Komarova I, El-Ghonemi M, Fathy A, Rashad R, Abdelmalak HD,Yerramadha MR, Ali Y, Helal E, EM (2015). Abuso de alcaçuz: hora de enviar uma mensagem de aviso. Ther Adv Endocrinol Metab, 3(4): 125-138.
Onkar P, Bangar J, Karodi R (2012). Avaliação da atividade antioxidante da formulação tradicional *Giloy satva* e do extrato hidroalcoólico do *Curculigo orchioides* gaertn. Jornal de Ciências Farmacêuticas Aplicadas, 2(6): 209-213.
Packirisamy V, Moorthy VK (2014). Avaliação antibacteriana e fitoquímica de *Pergularia* daemia da região de Nagapattinam. Int J Scientific Res Pub, 4(11): 1-6.
Palombo EA (2011) Extractos de Plantas Medicinais Tradicionais e Produtos Naturais com Atividade contra Bactérias Orais: Potencial Aplicação na Prevenção e Tratamento de Doenças Orais. Evidence-Based Complementary and Alternative Medicine, 15 páginasdoi:10.1093/ecam/nep067.
Panduranga MG, Punith KTG, Suresh A, Ravishankar HG, Chandrasekher KB, Lokesh S (2011). Avaliação do extrato etanólico de folhas de *Dioscorea hispida* Dennst. para efeito antiinflamatório e analgésico, Int J Pharm & Ind Res, 1 (2): 83-87.
Parle M, Dhingra D, Kulkarni SK (2004). Melhoria da memória do rato com sementes de *Myristica fragrans*. J Med Food, 7: 157-161.
Parukutty B, Chandra GS (1984). Estudos sobre as utilizações medicinais de plantas pelas tribos Boro de Assam-II. J Econ Taxon Bot, 5: 599-604.
Patel KG, Rao NJ, Gajera VG, Bhatt PA, Patel KV, Gandhi TR (2010). Atividade antialérgica da casca do caule de Myrica *esculenta* Buch.-Ham. (Myricaceae). J Young Pharmacists, 2: 74-78.
Patel T, Rajshekar C, Parmar R (2011). Atividade estabilizadora de mastócitos da casca deMyrica *nagi*. J Pharm Stud Res, 3(8): 114-117.
Patrik YK Yue, Huang Y, Ricky NS Wong (2015). Ginseoside Rg3 e Rh2: As saponinas anticancerígenas e anti-angiogénicas do Ginseng. Descoberta e Desenvolvimento de Drogas Anti-angiogénicas, 24: 34-57.
Pendse VK, Dadhich AP, Mathur PN, Bal MS, Madam BR (1977). Acções anti-inflamatórias, imunossupressoras e algumas acções farmacológicas relacionadas do extrato aquoso de Neem Giloe (*Tinospora cordifolia*)-Um relatório preliminar. Indian J Pharm, 9: 221-224.
Piaru SP, Mahmud R, Abdul Majid AM, Mahmoud Nassar ZD (2012). Actividades

antioxidantes e antiangiogénicas dos óleos essenciais de *Myristica fragrans* e *Morinda citrifolia*. Asian Pacific J Tropical Med, 5(4): 294-298.

Pillai S, Mahmud R, Lee WC, Perumal S (2012). Atividade antiparasitária de *Myristica fragrans* Houtt. óleo essencial contra o parasita *Toxoplasma gondii*. Procedimentos de Engenharia Química, Biológica e Ambiental da Ásia-Pacífico, 2: 92-96.

Prain D (1963). Plantas de Bengala. Vols. 1-2. Botanical Survey of India, Calcutá. Índia

Prasad DN, Basu SP, Srivastava AK (1999). Atividade antiespasmódica do óleo bruto e purificado da semente de *Mesuaferrea*. Ancient Sci Life, 19: 74-75.

Prasad S, Nigam N, Kalra N, Shukla Y (2008). Regulação das vias de sinalização envolvidas na inibição da proliferação induzida pelo lupeol e na indução de apoptose em células cancerígenas da próstata humana. Mol Carcinog, 47: 916-924.

Premalatha B, Sachdanandam P (2000). Estabilização da membrana lisossómica e do perfil glicoproteico da membrana celular pelo *extrato de leite de noz de Semecarpus anacardium* Linn. Extrato de leite de noz em carcinoma hepatocelular experimental. Phytother Res, 14: 352-355.

Prince PS, Menon VP (1999). Atividade antioxidante das raízes de *Tinospora cordifolia* na diabetes experimental. J Ethnopharmacol, 65: 277-281.

Pullela SV, Tiwari AK, Vanka US, Vummenthula A, Tatipaka HB, Dasari KR, Khan IA, Janaswamy MR, (2006). Normalização quimiobiológica assistida por HPLC dos constituintes inibidores da enzima B-glucosidase-I de *Piper longum* Linn - uma planta medicinal indiana. J Ethnopharmacol, 108: 445-449.

Purohit SS, Prajapati ND (2003). Agro's Colour Atlas of Medicinal Plants, Agrobios publications, Jodhpur.

Pushpangadan P, Nyman U, George V (1995). Glimpses of Indian Ethnopharmacology. Jardim Botânico Tropical e Instituto de Investigação, Kerala, pp. 309-383

Putta SK, Kumar A e Kumar A (2010). Formulação e avaliação *in vitro* de microcápsulas mucoadesivas de Glipizide com goma Kondagogu. J Chem Pharm Res, 2(5): 356 -364.

Qiu SX, Li XC e Xiong Y (2000). Isolamento e caraterização da saponina citotóxica Chloromaloside -A de Chlorophytum. Planta Med, 66: 587-590.

Quan HJ, Koyanagi J, Hagiwara K, Cui XR, Kondo Y, Komada F, Saito S (2006). Reacções de 26-iodopseudo diosgenina e 26-iodopseudodiosgnona com vários nucleófilos e actividades farmacológicas do produto. Chem. Pharm. Bull, 54 (1): 72- 79.

Raghunathan K, Mittra R, (1982) Pharmacognosy of Indigenous Drugs. Nova Deli: Conselho Central de Investigação em Ayurveda e Siddha.

Raghunathan K, PV Sharma (1969). Efeito de *Tinospora cordifolia* Miers (Guduchi) na hiperglicemia induzida por adrenalina. J Res Indian Med, 4(1): 59-62.

Rai LK, Pankaj Prasad, Sharma E (2000). Conservation threats to some important medicinal plants of the Sikkim Himalaya. Biol Conservat, 93: 27-33

Rai M, Gupta SS (1966). A deposição dos sais secundários sobre os cinco pellets em ratos foi inibida pelo extrato aquoso de *T. cordifolia.* J Res Ind Med, 10: 113-116.

Raj KPS, Patel MR (1978). Some medicinal plants of Cambay and its immediate vicinity and their uses in Indian indigenous system of medicine (Algumas plantas medicinais de Cambay e da sua vizinhança imediata e as suas utilizações no sistema de medicina indígena indiano). Indian Drugs, 15: 145-152.

Rajagopal S, Kumar RA, Deevi DS, Satyanarayana C, Rajagopalan R (2003). Andrographolide, um potencial agente terapêutico contra o cancro isolado de *Andrographis paniculata.* J Exp Ther Oncol, 3(3): 147-158.

Rajkumar JS, Sekar MG, Mitra SK (2007). Segurança e eficácia do HD-03/ES oral administrado durante seis meses em doentes com infeção crónica pelo vírus da hepatite B. World J Gastroenterol, 13: 4103-4107.

Rao CV, Sairam K, Goel RK (2000). Avaliação experimental da *Bacopa monniera* na ulceração e secreção gástrica do rato. I J Physiol Pharmaco, 44(4): 435-441.
Rao NS, Row LR, Brown RT (1973). Constituintes fenólicos de *Semecarpus anacardium*. Phytochemistry, 12: 671-681.
Rao VS, Rao A, Karanth KS (2005). Perfil anticonvulsivo e de neurotoxicidade de *Nardostachysjatamansi* em ratos. J Ethnopharmacol, 102: 351-356.
Rastogi M, Ojha RP, Prabu PC, Devi BP, Agrawal A, Dubey GP (2012). Prevenção da neurodegeneração associada à idade e promoção do envelhecimento saudável do cérebro em ratos Wistar fêmeas através da utilização a longo prazo de bacosídeos. Biogerontologia, 13(2): 183-195.
Ratner L, Vander Heyden N, Dedera D (1991). Inibição da infecciosidade do VIH e do SIV por bloqueio da atividade da alfa-glucosidase. Journal of Virol, 181: 180-192.
Rekha K, Rao RR, Pandey R, Prasad KR, Babu KS, Vangala JR, Kalivendi SV, Rao JM (2013). Dois novos sesquiterpenóides dos rizomas de *Nardostachys jatamansi*. J Asian Nat Prod Res, 15(2): 111-116. doi: 10.1080/10286020.2012.738673.
Ribatti D (2010). A membrana corioalantóica do embrião de galinha como um ensaio *in vivo* para estudar a antiangiogénese. Pharmaceuticals (Basileia), 3(3): 482-513.
Roberts E (1931). Vegetable materia medica of India and Ceylon. Plate Limited, Colombo, pp. 16-17.
Ruberto G, Baratta MT (2000). Atividade antioxidante de componentes selecionados de óleos essenciais em dois sistemas de modelos lipídicos. Food Chem, 69: 167-174.
Sahni KC (1998). The Book of Indian Trees (O Livro das Árvores Indianas). Sociedade de História Natural de Bombaim, Mumbai.
Sairam K, Dorababu M, Goel RK, Bhattacharya SK (2002). Atividade antidepressiva do extrato padronizado de *Bacopa monniera* em modelos experimentais de depressão em ratos. Phytomedicine, 9(3): 207-211.
Saklani S, Chandra S, Mishra AP, Badoni PP (2012). Avaliação nutricional, atividade antimicrobiana e rastreio fitoquímico de frutos comestíveis selvagens da polpa *de Myrica nagi*. Int J Pharm Pharm Sci, 3(4): 407-501.
Saleem M (2009). Lupeol, um novo triterpeno dietético anti-inflamatório e anti-cancro. Cancer Lett, 285(2): 109-115. doi: 10.1016/j.canlet.2009.04.033.
Salim S, Ahmad M, Zafar KS, Ahmad AS, Islam F (2003). Efeito protetor de *Nardostachys jatamansi* na isquemia cerebral do rato. Pharmacol Biochem Behav, 74(2):481-486.
Samiulla DS, Prashanth D, Amit A (2001). Atividade estabilizadora de mastócitos de *Bacopa monnieri*. Fitoterapia, 72: 284-285.
Samundeeswari C, Rajadurai M, Periasami R, Kanchana G (2011). Efeito hepatoprotector de Herbitars, um polyherbal contra a hepatotoxicidade induzida por CCl4 em ratos. J Pharm Res, 4: 676-679.
Santamaria FJ (1978). Diccionario de Mejicanismos, 3ª ed. Editorial Porrua, SA. Mejico, DF, México.
Saravanan P, Ramasamy V, Shivakumar T (2008). Atividade antimicrobiana dos extractos de folhas de *Achyranthes aspera* Linn. Asian J Chem, 20(1): 823-825
Sarbhoy AK, Varshney JL, Maheshwari ML, Saxena DBE (1978). Isolamento e atividade do sesquiterpeno valeranona de *N. jatamansi* DC. Arzeimitteforschunmg, 28(1): 7-13.
Sasikala A, Linga Rao M, Savithramma N, Prasad TNVKV (2015). Síntese de nanopartículas de prata da casca do caule de *Cochlospermum religiosum* (L.) Alston: uma importante planta medicinal e avaliação de sua eficácia antimicrobiana. Appl Nanosci, 5: 827-835.
Satija S, Mehta M, Kalsi V (2011). Wild yam: A review to *Dioscorea villosa*. I J Pharm Res Dev, 3(5): 117-121.
Satyanarayana C, Deevi DS, Rajagopalan R, Srinivas N, Rajagopal S (2004). DRF 3188 um

novo análogo semi-sintético de andrographolide: resposta celular a células de cancro da mama MCF 7. BMC Cancer, 4: 26.

Sautour M, Mitaine-Offer AC, Miyamoto T, Dongmo A, Lacaille-Dubois MA. (2004). A new steroid saponin from *Dioscorea cayenensis,* Chem. Pharm. Bull, 5(11): 1353-1355.

Saxena R, Patil P (2012). Estudos fitoquímicos sobre o óleo essencial *de fragrância Myristica*. Fórum Biológico - Uma Revista Internacional, 4(2): 62-64.

Selvanayagam ZE, Gnanavendan SG, Balakrishnan K, Rao RB (1994) Antisnake venom botanicals from ethnomedicine. J. Herbs Spices Med. Plants, 2:45-100.

Semalty Mona, Ajay Semalty, Ashutosh Badola, Geeta Pant Joshi e M. S. M. Rawat (2010). *Semecarpus anacardium* Linn.: Uma revisão. Pharmacogn Rev, 4(7): 88-94.

Sethi N, Nath D e Singh RK (1989). Avaliação teratológica de algumas plantas indígenas antifertilidade comummente utilizadas em ratos. Int J Crude Drug Res, 27(2): 118-120.

Shafiei Z, Shuhairi NN, Yap NFS, Sibungkil CAH, Latip J (2012). Atividade antibacteriana da *Myristica fragrans* contra agentes patogénicos orais. Medicina Complementar e Alternativa Baseada em Evidências, 825362-825369.

Shah GM, Khan MA, Ahmad M, Zafar M, Khan AA (2009). Observações sobre medicamentos à base de plantas antifertilidade e abortivos. Jornal Africano de Biotecnologia, 8(9): 1959-1964.

Shah NC, Joshi MC (1971). Ethnobotanical study of the Kumaon region of India (Estudo etnobotânico da região de Kumaon da Índia). Econ Bot, 25: 414-422.

Sharma U, Bala M, Kumar N, Singh B, Munshi RK, Bhalerao S (2012). Compostos activos imunomoduladores da *Tinospora cordifolia*. J Ethnopharmacol, 141(3): 918-926.

Sharma V, Agrawal RC, Pandey S (2013). Rastreio fitoquímico e determinação do potencial anti-bacteriano e anti-oxidante dos extractos de raiz de *Glycyrrhiza glabra*. J. Environ. Res. Develop, 7(4a): 1552-1558.

Sharma V, Pandey D (2010). Papel protetor da *Tinospora cordifolia* contra a hepatotoxicidade induzida pelo chumbo.Toxicol Int, 17(1): 12-17.

Sheeja K, Guruvayoorappan C, Kuttan G (2007). Atividade antiangiogénica do extrato de *Andrographis paniculata* e do andrographolide. Int Immunopharmacology, 7(2): 211-221.

Sheela ML, Ramakrishna MK, Salimath BP (2006). Os efeitos angiogénicos e proliferativos da citocina VEGF nas células tumorais da ascite de Ehrlich são inibidos pela *Glycyrrhiza glabra*. Int Immunopharmacol, 6: 494-498.

Shen YC, Chen CF, Chiou WF (2002). A andrographolide previne a produção de radicais de oxigénio por neutrófilos humanos: possível(is) mecanismo(s) envolvido(s) no seu efeito anti-inflamatório. Br J Pharmacol, 135(2): 399-406.

Shenoy PA, Nipate SS, Sonpetkar JM, Salvi NC, Waghmare AB, Chaudhari PD. (2013). Atividades anti-veneno de cobra do extrato etanólico de frutas de *Piper longum* L. (Piperaceae) contra o veneno de víbora de Russell: Caracterização da piperina como princípio ativo. J Ethnopharmacol, 147(2): 373-382.

Shibeshi W, Makonnen E, Zerihun L, Debella A (2006). Efeito de *Achyranthes aspera* L. no aborto fetal, pesos uterino e pituitário, lípidos séricos e hormonas. Afr Health Sci, 6(2): 108-112.

Shukla R, Chakravarty M, Gautam MP (2008). Medicina indígena utilizada para o tratamento de doenças ginecológicas por tribos de Chhattisgarh, Índia. J Med Plants Res, 2(12): 356-360.

Singh A, Rao AR (1993). Modulatory effect of arecanut on the action of mace *(Myristica fragrans* Houtt) on the hepatic detoxification system in mice. Food Chem Toxicol, 31(7): 517-521.

Singh C, Rai NP (2013). Atividade antibacteriana *in vitro* de *Piper Longum* L. Fruit. Int J Pharm Sci Rev Res, 18(2): 89-91.

Singh HK, Rastogi RP, Srimal RC, Dhawan BN (1988). Effect of bacosides A and B on avoidance responses in rats. Phytother Res, 2(2): 70-75.

Singh J e Singh B (2013). Goma Kondagogu - Um exsudado natural de *Cochlospermum gossypium*. The Botanica, 62-63: 115-123.
Singh RH, Narsimhamurthy K, Singh G (2008). Neuronutrient impact of Ayurvedic Rasayana therapy in brain aging (Impacto da terapia ayurvédica Rasayana no envelhecimento cerebral). Biogerontologia, 9(6): 369-374.
Singh V (1995). Traditional remedies to treat the asthma in the North West and Trans-Himalayan region in J. and K. State. Fitoterapia, 66: 507-509.
Smit HF, Woerdenbag HJ, Singh RH, Meulenbeld GJ, Labadie RP, Zwaving JH (1995). Medicamentos ayurvédicos à base de plantas com possível atividade citostática. J thnopharmacol, 47(2): 75-84.
Somani R, Karve S, Jain D, Jain K, Singhai AK (2008). Potencial fitoquímico e farmacológico de *Myristica fragrans* Houtt: A comprehensive review. Pharmacognosy Reviews, 2: 68-76.
Sonavane GS, Sarveiya VP, Kasture VS, Kasture SB (2002). Atividade ansiogénica das sementes de Myristica fragrans. Pharmacol. Biochem. Behav, 71: 239-244.
Sravani T e Padmaa MP (2011). Avaliação da atividade anti-helmíntica dos rizomas de *Hedychium spicatum* Buch. Ham. Int J Res Pharm Sci, 2(1): 66-68.
Srivastav S, Singh P, Mishra G, Jha KK, Khosa RL (2011). *Achyranthes aspera*- Uma planta medicinal importante: A review. J. Nat. Prod. Plant Resour, 1(1): 1-14.
Stanely Mainzen Prince P, Menon VP (2003). Ação hipolipidémica das raízes de *Tinospora cordifolia* em ratos diabéticos induzidos por aloxano. Phytother Res, 17(4): 410-413.
Stuffness M e Douros J. (1982). Situação atual do programa de produtos vegetais e animais do NCI. J. Nat. Prod, 45: 1-14.
Su L, Yin JJ, Charles D, Zhou K, Moore J, Yu L (2007). Conteúdo fenólico total, capacidades quelantes e propriedades de eliminação de radicais de pimenta preta, noz-moscada, rosa mosqueta, canela e folha de orégãos. Food Chemistry, 100(3): 990-997.
Sunila ES, Kuttan G (2006). *Piper longum* inibe o VEGF e as citocinas pró-inflamatórias e angiogénese induzida por tumor em ratinhos C57BL/6. International Immunopharmacology, 6 (5): 733-741.
Subashini R, Gnanapragasam A, Senthil SK, Yogeeta S Devaki T (2007). Eficácia protetora de *Nardostachys jatamansi* (rizomas) na respiração mitocondrial e hidrolases lisossomais durante a lesão do miocárdio induzida por doxorrubicina em ratos. J health science, 53(1): 6776.
Subramanian M, Chintalwar GJ, Chattopadhyay S (2002). Antioxidant properties of a *Tinospora cordifolia* polysaccharide against iron-mediated lipid damage and gamma-ray induced protein damage. Redox Rep, 7(3): 137-143.
Subramanyam RM, Subba Rao NV (1977). Estudo químico dos estames de *Mesua ferrea* Linn. J Recher Imagerie Med, 12: 124-126.
Sudhakaran DS, Srirekha P, Devasree LD, Premsingh S, Michael RD (2006). Efeito imunoestimulador do extrato de folhas de *Tinospora cordifolia* Miers em *Oreochromis mossambicus*. Indian J Exp Biol.
Sugapriya D, Shanthi P, Sachdanandam P (2008). Restauração do metabolismo energético em ratos leucémicos tratados com um medicamento siddha: Extrato de leite de noz de *Semecarpus anacardium* Linn. Chem Biol Interact, 173: 43-58.
Sumitra M, Manikandan P, Suguna L (2005). Eficácia de *Butea monosperma* na cicatrização de feridas dérmicas em ratos. Int J Biochem Cell Biol, 37(3): 566-573.
Tambekar DH e Dahikar SB (2010). Explorando o potencial antibacteriano de algumas preparações ayurvédicas para controlar infecções entéricas bacterianas, J Chem Pharm Res, 2(5): 494-501.
Tambekar DH, Khante BS (2010). Propriedades antibacterianas de plantas medicinais tradicionalmente utilizadas para infecções entéricas por adivasi's (Bhumka) na floresta de Melghat (distrito de Amravati) Int J Pharm Sci Res, 1: 120-128.

Tamilselvi N, Krishnamoorthy P, Dhamotharan R, Arumugam P, Sagadevan E (2012). Análise de fenóis totais, taninos totais e triagem de fitocomponentes em *Indigofera aspalathoides* (Shivanar Vembu) Vahl EX DC. J Chem Pharm Res, 4(6): 3259-3262.

Tandon SK, Chandra S, Gupta S, Lal J (1997). Efeitos analgésicos e anti-inflamatórios de *Hedychium spicatum*. Indian J Pharma Sci, 59(3): 148-150.

Thakur M, Paul Connellan P, Deseo MA, Morris C, Dixit VK (2011). Polissacárido imunomodulador de raízes *de Chlorophytum borivilianum*. Medicina Complementar e Alternativa Baseada em Evidências. http://dx.doi.org/10.1093/ecam/neq012.

Thakur RS, Puri HS, Husain A (1989). Major Medicinal Plants of India, CIMAP, Lucknow, Índia.pp.50-52.

Thippeswamy G, Sheela ML, Salimath BP (2008). O octacosanol isolado da *Tinospora cordifolia* regula a expressão do gene VEGF através da inibição da translocação nuclear do NF-kappa-B e da sua atividade de ligação ao ADN. Eur J Pharmacol, 588(2-3): 141-50.

Tirtha SS (2005). The Ayurveda Encyclopedia-Natural Secrets to Healing, Prevention and Longevity (A Enciclopédia Ayurveda - Segredos Naturais para a Cura, Prevenção e Longevidade). Ayurveda Holistic Centre Press, Nova Iorque, NY, EUA, 121-129.

Tripathi YB, Tripathi E, Upadhyay A (1996). Propriedade peroxidativa antilipídica de *Nardostachysjatamansi*. Indian J Exp Biol, 34: 1150-1151

Trivedi NP, Rawal UM, Patel BP (2007). Efeito hepatoprotector da andrographolide contra a lesão oxidativa induzida pelo hexa-cloro-ciclo-hexano. Integr Cancer Ther, 6(3): 271-280.

Tung YT, Chen HL, Tsai HC, Yang SH, Chang YC, Chen CM (2013). Potencial terapêutico do andrographolide isolado das folhas de *Andrographis paniculata* Nees para o tratamento de adenocarcinomas pulmonares. Artigo ID 305898.

Upadhyaya SN (1999). Therapeutic potential of immunomodulatory compounds isolated from medicinal plants used in Ayurveda. Resumo, Simpósio Nacional sobre o Papel da Química na Ayurveda (Souvenir), Universidade Banaras Hindu, Varanasi.

Vad BG (1973) Estudo da regressão completa em quatro casos de cancro. Indian Practitioner. XXVI (6), pp. 253 -263.

van Rossum TG, Vulto AG, de Man RA, Brouwer JT, Schalm SW. (1998). Artigo de revisão: glycyrrhizin as a potential treatment for chronic hepatitis C. Aliment Pharmacol Ther, 12(3): 199-205.

Van Rossum TG, Vulto AG, Hop WC, Schalm SW (2001). Redução da ALT induzida pela glicirrizina em doentes europeus com hepatite C crónica. Am J. Gastroenterol, 96: 2432-2437

Veena K, Shanthi P, Sachdanandam P (2006). As alterações bioquímicas após a administração de Kalpaamruthaa e *Semecarpus anacardium* no carcinoma mamário. Chem Biol Interact, 161(1): 69-78.

Verotta L, Lovaglio E, Vidari G, Finzi PV, Neri MG, Raimondi A (2004). 4-alquil e 4-fenilcumarinas de *Mesua ferrea* como promissores antimicrobianos multirresistentes. Phytochem, 65: 2867-2879.

Vinod VT, Sashidhar RB, Sukumar AA (2009). Adsorção competitiva de contaminantes tóxicos de metais pesados por goma kondagogu (*Cochlospermum gossypium*): um hidrocolóide natural. Colloids Surf B Biointerfaces, 75(2): 490-495.

Vinod VTP, Sashidhar RB (2010). Morfologia da superfície, atribuição química e estrutural da goma kondagogu (*Cochlospermum gossypium* DC): Uma goma de árvore de exsudados da Índia. Jornal indiano de produtos naturais e recursos, 1(2): 181-192.

Vinothapooshan G, Sundar K (2011). Atividade imunomoduladora de vários extractos de *Adhatoda vasica* Linn. em ratos experimentais. Afr J Pharm Pharmaco, 5: 306-310.

Vinutha B, Prashanth D, Salma K, Sreeja SL, Pratiti D, Padmaja R, Radhika S, Amit A, Venkateshwarlu K, Deepak M (2007). Triagem de plantas medicinais indianas selecionadas para a atividade inibidora da acetilcolinesterase. J Ethnopharmacol, 109: 359-360.

Vundru SS, Kale RK, Singh RP (2013). O P-Sitosterol induz a parada de G1 e causa despolarização do potencial de membrana mitocondrial em células de carcinoma de mama MDA-MB-231. BMC Complement Altern Med, 13: 280. doi: 10.1186/1472-6882-13-280.

Wagner H, Jurcic K (2002). Estudos imunológicos do Revitonil: um fitofármaco que contém extrato de raiz de *Echinacea purpurea* e *Glycyrrhiza glabra*. Phytomedicine, 9(5): 390-397.

Wakade AS, Shah AS, Kulkarni MP (2008). Efeito protetor de *Piper longum* L. na lesão induzida pelo stress oxidativo e na anomalia celular na cardiotoxicidade induzida pela adriamicina em ratos. Indian J Exp Biol, 46(7): 528-533.

Wang DW, Zhao HY (1994) Prevenção da estenose arterial aterosclerótica e da reestenose após angioplastia com sementes de *Andrographis paniculata* e óleo de peixe. Estudos experimentais dos efeitos e mecanismos. Chin Med J (Engl), 107 (6): 464- 470.

Wang LS e Stoner GD (2008). Anthocyanins and their role in cancer prevention (Antocianinas e o seu papel na prevenção do cancro). Cancer Lett, 269(2): 281-290.

Y Tan, KH Chiow, D Huang, e SH Wong (2010). Andrographolide regula o recetor do fator de crescimento epidérmico e o tráfico do recetor de transferrina em células de carcinoma epidermoide (A-431) Br J Pharmacol, 159(7): 1497-1510.

Yadav M, Chatterji S, Gupta SK, Watal G (2014). Rastreio fitoquímico preliminar de seis plantas medicinais utilizadas na medicina tradicional. Int J Pharm Pharmaceutical Sci, 6(5): 539 42

Yadav RNS e Agarwala M (2011). Análise fitoquímica de algumas plantas medicinais. J Phytology, 3(12): 10-14

Yasui S, Fujiwara K, Tawada A, Fukuda Y, Nakano M, Yokosuka O. (2011). Eficácia da glicirrizina intravenosa na fase inicial da hepatite autoimune de início agudo. Dig Dis Sci, 56 (12): 3638-3647.

Yoon KD, Yang MH, Chin YW, Park J, Kim JW (2008). Determinação da alantoína no *rizoma de Dioscorea* por cromotografia líquida de alto desempenho utilizando colunas ciano, Natural Product Science, 14(4): 254-259.

Zama MMS e Singh HPK (1991). A Estudos comparativos sobre *Adhatoda vasica* Nees. e extrato de tecido pancreático na cicatrização de feridas em búfalos. Indian Vet J, 68: 864-866.

Zhao TF, Wang X, Rimando AM e Che C (1991). Plantas medicinais folclóricas: *Tinospora sagittata* var. cravaniana e *Mahonia bealei*. Planta Med, 57: 505.

MIX
Papier aus verantwortungsvollen Quellen
Paper from responsible sources
FSC® C105338

Printed by Books on Demand GmbH, Norderstedt / Germany